高等教育"十三五"部委级规划教材

# 工 程 制 图

## （3 版）

金 怡 周申华 于海燕 编著

东华大学出版社·上海

**图书在版编目（CIP）数据**

工程制图/金怡,周申华,于海燕编著. —3 版.—上海 ：东华大学出版社,2019.2
ISBN 978-7-5669-1525-2

Ⅰ.①工… Ⅱ.①金…②周…③于… Ⅲ.①工程制图—高等学校—教材
Ⅳ.①TB23

中国版本图书馆 CIP 数据核字（2018）第 296987 号

责任编辑：竺海娟
封面设计：魏依东

# 工程制图（3 版）

金　怡　周申华　于海燕　编著

出　　　　版：东华大学出版社（上海市延安西路 1882 号　邮政编码:200051）
本 社 网 址：http://dhupress.dhu.edu.cn
天猫旗舰店：http://dhdx.tmall.com
营 销 中 心：021-62193056　62373056　62379558
印　　　　刷：常熟大宏印刷有限公司
开　　　　本：787 mm×1092 mm　1/16
印　　　　张：11.5
字　　　　数：300 千字
版　　　　次：2019 年 2 月第 3 版
印　　　　次：2023 年 7 月第 3 次印刷
书　　　　号：ISBN 978-7-5669-1525-2
定　　　　价：34.00 元

# 前　　言

图与语言、文字一样都是人类表达、交流思想的工具。在工程技术中，为了正确地表示出机器、设备及建筑物的形状、大小、规格和材料等内容，通常将物体按照一定的投影方法和技术规定表达在图纸上，这种图样称为工程图样。图样在描述产品形状、大小方面比语言、文字更方便、准确，因此被称为"工程师的语言"。

工程图学的理论基础是画法几何学。画法几何主要应用投影法，采用多个投影（常用的三投影面体系），在图纸上表达、求解空间几何问题。在机械工程上，常用的图样是零件图和装配图。图样是设计、制造、使用机器过程中的一种重要技术资料。

在计算机出现以前，图的产生主要依赖于手工绘制。随着计算机科学与技术的快速发展，图的绘制方式发生了巨大的变化。计算机绘图、造型、建模等的相关理论与方法丰富了图学学科的内容。工程图的表达与图形生成技术不断推出，并在工程上得到了应用。虽然工程图学的内涵及工程制图的技术不断发展，但是投影法及几何构造原理是传统与现代工程图学的共性理论与技术基础。

本教材按照"普通高等学校工程图学课程教学基本要求"编写，除了介绍投影法、基本图元、基本体、组合体等的构造与投影外，还以机械图样为主，介绍了工程图表达的标准、规范、方法等。本教材主要是面向少学时、非机械类各专业的工程制图课程教学使用。计算机绘图部分供有兴趣的读者参考学习。

东华大学高志民副教授对本书进行了细心审阅，并提出了宝贵建议，在此表示诚挚的谢意！同时感谢所有为本书出版提供帮助的人们！

限于时间仓促和编者水平等，教材中难免存在不足之处，欢迎读者批评指正。

编者
2018 年 12 月

# 目　　录

# 第1章 工程制图基本知识

## §1.1 工程制图相关技术标准

技术图样被公认为工程界中的一种语言，是设计和制造产品的重要技术资料。为了便于进行生产和技术交流，我国的国家标准对技术图样中的各项内容均作了统一的规定，如格式、画法、尺寸标注等。国家标准（简称国标）的代号为"GB"（GB 是"国标"两字拼音首字母的缩写）或"GB/T"，前者表示"强制性标准"，后者表示"推荐性标准"。上述两种标准，只要是相应的国家标准化行政管理部门批准发布的标准都是正式标准，必须严格执行。绘制机械图样必须遵循的国家标准主要有《技术制图》和《机械制图》等。

### 1.1.1 图纸幅面和格式（GB/T 14689—2008）

图纸幅面是指图纸的宽度和长度组成的图面。绘制技术图样时，应该优先采用表 1-1 所规定的图纸幅面及幅面尺寸。

表 1-1　图纸幅面

| 幅面代号 | A0 | A1 | A2 | A3 | A4 |
|---|---|---|---|---|---|
| $B \times L$ | $841 \times 1189$ | $594 \times 841$ | $420 \times 594$ | $297 \times 420$ | $210 \times 297$ |
| $e$ | 20 | | | 10 | |
| $c$ | 10 | | | 5 | |
| $a$ | 25 | | | | |

图框格式分为图 1-1 所示不留装订边和图 1-2 所示预留装订边两种格式。图框线用粗实线绘制，图纸边界线用细实线绘制。

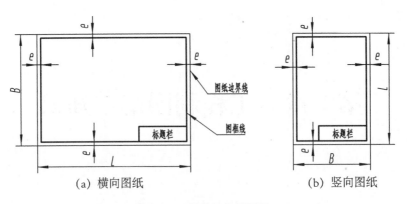

图 1-1　不留装订边的图纸

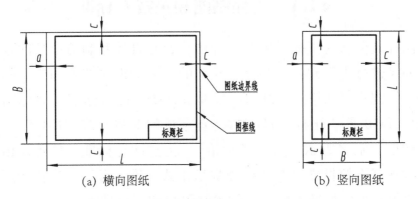

图 1-2　留装订边的图纸

为了使图样复制和缩微摄影时定位方便，可在图纸各边长的中点处画出对中符号。对中符号用粗实线绘制，长度从图纸边界开始至伸入图框内约 5 mm，如图 1-3a 所示。标题栏的文字方向为看图的方向，为了利用预先印制的图纸，允许将横向图纸竖放或竖向图纸横放作图，但要求在对中符号处画上方向符号，按方向符号指示的方向画图和看图。方向符号是用细实线绘制的等边三角形，如图 1-3b 所示。

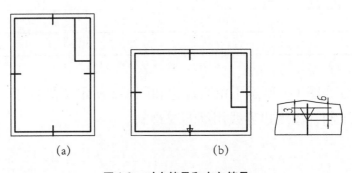

图 1-3　对中符号和方向符号

### 1.1.2 标题栏(GB/T 10609.1—2008)

每张图纸都应有标题栏,标题栏应位于图纸右下方。国家标准规定的生产上用的标题栏格式如图1-4a所示,一般均印在图纸上,不必自己绘制。标题栏的右边部分为名称及代号区,左下方为签名区,左上方为更改区,中间部分为其他区,包括材料标记、比例等内容。学生作业练习时可以自画简化的标题栏,如图1-4b所示。

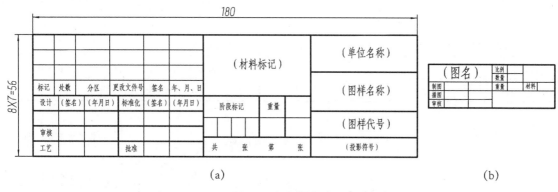

(a)                                                                    (b)

**图 1-4    标题栏格式**

### 1.1.3 比例(GB/T 14690—1993)

绘图的比例是指图中图形与实物相应要素的线性尺寸之比。绘制图样时,应选择表1-2所规定的比例,优先选择不带括号的比例。同一机件的各个视图应采用同样的比例绘图,并在标题栏中填写比例值。如有视图采用与其他视图不同比例时,必须在视图上方注明比例。标注尺寸时应按机件的实际尺寸标注,和绘图时采用的比例无关。

表1-2    比例

| 原值比例 | 1:1 |
|---|---|
| 缩小比例 | $(1:1.5),1:2,(1:1.25),(1:3),(1:4),1:5,1:1\times10^n,(1:1.5\times10^n),1:2\times10^n,(1:3\times10^n),$ $(1:4\times10^n),1:5\times10^n$ |
| 放大比例 | $2:1,(2.5:1),(4:1),5:1,1\times10^n:1,2\times10^n:1,(4\times10^n:1)$ |

### 1.1.4 图线(GB/T 4457.4—2002)

机械制图的国家标准对绘制机械图样所使用的线型作了规定,见表1-3。粗细两种线宽的比率为 2:1，粗线的宽度若为 $d$，则细线的宽度应为 $d/2$。线宽 $d$ 的尺寸系列为 0.13、0.18、0.25、0.35、0.50、0.70、1.00、1.40、2.00 mm，其中粗实线优先选用 0.50 和 0.70 mm 的线宽。不连续的独立部分称为线素，如点、长度不同的画和间隔。图 1-5 为图样的线型及其应用。

表 1-3    线型

| 名称 | 线型 | 宽度 $d$/mm | | 一般应用及线素长度 | |
|------|------|------|------|------|------|
| 粗实线 | ———— | 0.70 | 0.50 | 可见轮廓线、螺纹牙顶线等 | |
| 细实线 | ———— | | | 尺寸线及尺寸界线、剖面线、引出线等 | |
| 细虚线 | – – – – – | | | 不可见棱边线、轮廓线 | 虚线画长 12$d$，点画线长画长 24$d$，短间隔长 3$d$，点长 ≤0.5$d$ |
| 细点画线 | —·—·—·— | 0.35 | 0.25 | 轴线、对称中心线等 | |
| 细双点画线 | —··—··— | | | 假想轮廓线等 | |
| 波浪线 | ～～～ | | | 断裂处的边界线等 | |

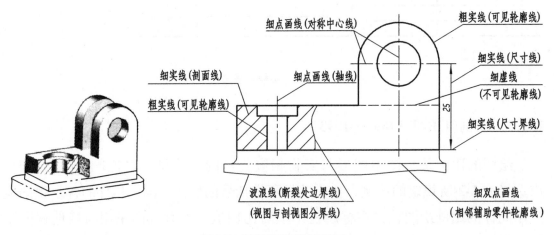

图 1-5    图样的线型及其应用

## 1.1.5    字体（GB/T 14691—1993）

技术图样中的字体必须做到：字体工整，笔画清楚，间隔均匀，排列整齐。字体号数（即字体高度 $h$）的公称尺寸系列为 1.8、2.5、3.5、5.0、7.0、10.0、14.0、20.0 mm。汉字应写成长仿宋体，汉字高度 $h$ 不应小于 3.5 mm，其字宽一般为 $h/\sqrt{2}$。字母和数字分 A 型和 B 型。A 型字体的笔画宽度（$d$）为字高（$h$）的 1/14；B 型字体的笔画宽度（$d$）为字高（$h$）的 1/10。可书写成直体或斜体（字头向右倾斜，与水平成 75°）。同一张图纸上只允许用同一型号字体。

汉字示例如图 1-6 所示。

# 横平竖直注意起落结构均匀填满方格

**图1-6　汉字示例**

字母及数字示例如图 1-7 所示。

*ABCDEFGHIJKLMNOPQRSTUVWXYZ*

*abcdefghijklmnopqrstuvwxyz*

*12345678910　I II III IV V VI VII VIII IX X*

*R3　　2×45°　　M24−6H　　Φ60H7　　Φ30g6*

$\Phi 20^{+0.021}_{\;\;0}$　　$\Phi 25^{-0.007}_{-0.020}$　　*Q235　　HT200*

**图1-7　字母及数字示例**

## 1.1.6　尺寸注法（GB/T 4458.4—2003）

图样上必须标注尺寸，以表达零件的真实大小。国家标准《机械制图尺寸注法》规定了一系列标注尺寸的规则和方法，绘图时必须遵守。

### 1.1.6.1　尺寸标注基本规则

（1）机件的真实大小应以图样上所注的尺寸数值为依据，与图形的大小及绘图的准确度无关。

（2）图样中（包括技术要求和其他说明）的尺寸，以毫米为单位时，不需标注单位符号（或名称）；如采用其他单位，则应注明相应的单位符号。

（3）机件的每一尺寸，一般只标注一次，并应标注在反映该结构最清晰的图形上。

（4）图样中所标注的尺寸，为该图样所示机件的最后完工尺寸，否则应另加说明。

### 1.1.6.2　尺寸要素

组成尺寸的要素有尺寸界线、尺寸线及其终端、尺寸数字。

（1）尺寸界线：尺寸界线用细实线绘制，由图形的轮廓线、轴线或对称中心线处引出。也可利用轮廓线、轴线或对称中心线作为尺寸界线，如图 1-8 所示。尺寸界线应超出尺寸线终端 2~3 mm。尺寸界线一般应与尺寸线垂直，必要时可倾斜。

（2）尺寸线及其终端：尺寸线用细实线绘制，其终端有两种形式：箭头和斜线，其画法见图 1-9。机械图样上一般用箭头作为尺寸线的终端。

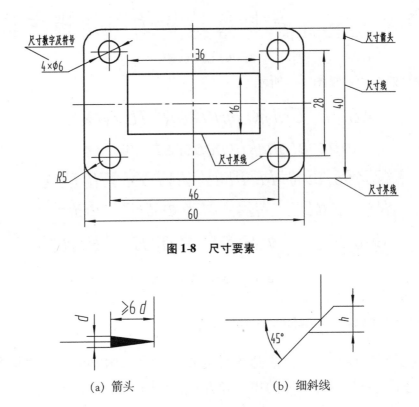

图 1-8 尺寸要素

图 1-9 尺寸线的终端

尺寸线不能用其他图线代替，一般也不得与其他图线重合或画在其延长线上。标注线性尺寸时，尺寸线应与所标注的线段平行，尺寸线之间也应相互平行且间距≥5 mm。

（3）尺寸数字：线性尺寸的尺寸数字注写方向见图 1-10，应尽量避免在图示 30°内标注尺寸，当无法避免时可采用右边的几种形式标注尺寸数字。尺寸数字不可以被任何图线通过，无法避免时，图线要断开。同一张图纸上的尺寸数字字型应一致。

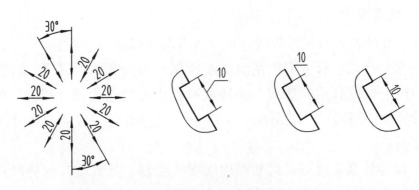

图 1-10 尺寸数字的注写方向

国家标准还规定了在尺寸数字周围的符号，以表示某种含义，如标注直径时在尺寸数字前加"φ"。标注尺寸的常见符号及缩写词见表1-4。

**表1-4　标注尺寸的符号及缩写词**

| 序号 | 含义 | 符号或缩写词 | 序号 | 含义 | 符号或缩写词 |
|------|------|------|------|------|------|
| 1 | 直径 | φ | 8 | 正方形 | □ |
| 2 | 半径 | R | 9 | 深度 | ↓ |
| 3 | 球直径 | Sφ | 10 | 沉孔或锪平 | ⊔ |
| 4 | 球半径 | SR | 11 | 埋头孔 | ∨ |
| 5 | 厚度 | t | 12 | 弧长 | ⌒ |
| 6 | 均布 | EQS | 13 | 斜度 | ∠ |
| 7 | 45°倒角 | C | 14 | 锥度 | ◁ |

### 1.1.6.3　尺寸注法示例

常用的尺寸注法见表1-5所列。

**表1-5　常用的尺寸注法**

| 标注内容 | 标注示例 | 说明 |
|------|------|------|
| 圆和圆弧 | | 圆的直径符号是"φ"，当尺寸线的一端无法画出箭头时，尺寸线要超过圆心一段；圆弧的半径符号是"R"，当半径较大，尺寸线不便于通过圆心时，可采用折线形式。<br>一般情况下整圆及大于半圆的圆弧标注直径，等于或小于半圆的圆弧标注半径 |

| 标注内容 | 标注示例 | 说明 |
|---|---|---|
| 角度 | 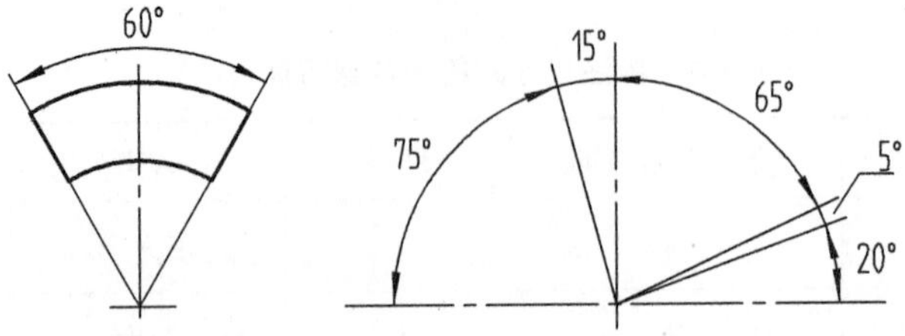 | 角度的尺寸界线应沿径向引出，尺寸线画成圆弧，其圆心是该角的顶点。角度的尺寸数字一律水平书写 |
| 弦长和弧长 | 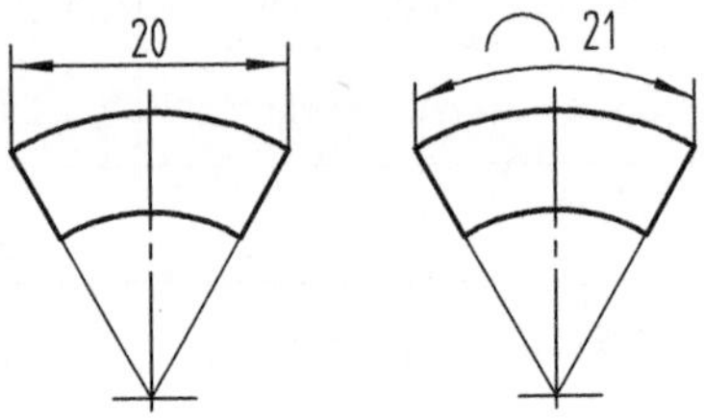 | 标注弦长的尺寸界线应平行于该弦的垂直平分线；标注弧长的尺寸界线应平行于该弧所对圆心角的角平分线。弧长尺寸数值前加符号⌒ |
| 小尺寸 | 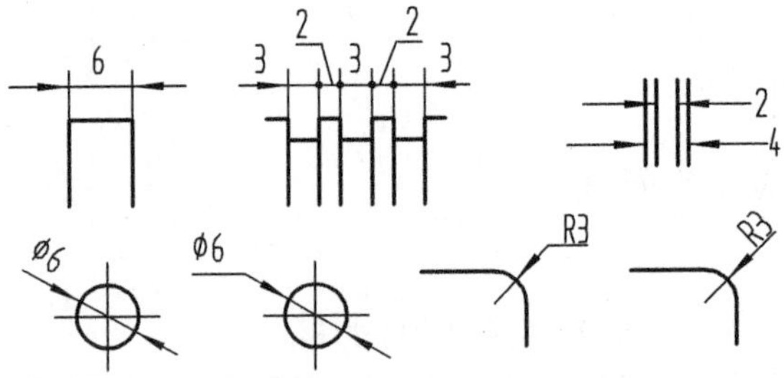 | 标注小尺寸时，如果没有足够的位置画箭头或注写数字，允许用圆点或斜线代替箭头，尺寸数字可写在尺寸界线外面或引出标注 |
| 球面 | 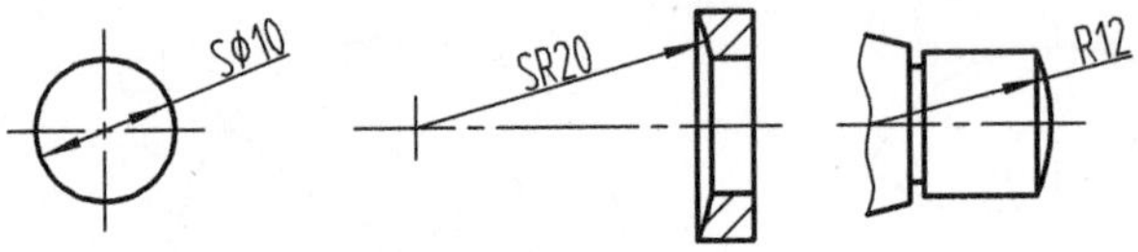 | 标注球面的直径或半径时，应在直径或半径符号前加球面符号"S"。对于轴、手柄等的端部，在不致引起误解的情况下可省略符号"S" |
| 斜度和锥度 | 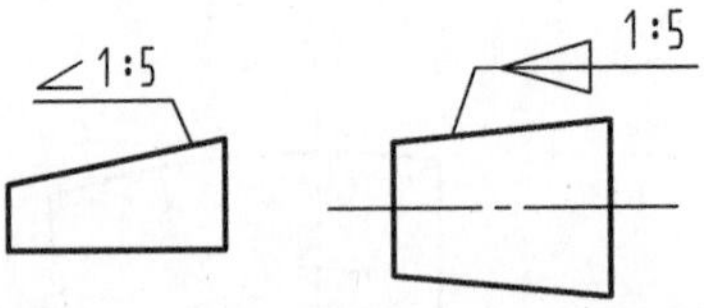 | 斜度图形符号与斜面方向一致；锥度图形符号与圆锥的倾斜方向一致 |
| 正方形和厚度 | 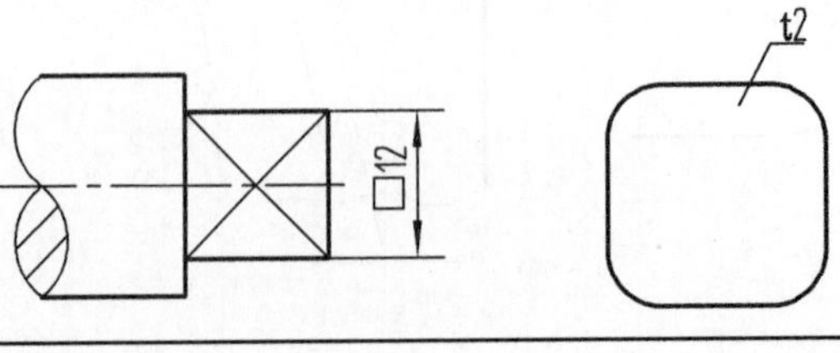 | 正方形尺寸"□12"也可以写成"12×12"。标注板状零件厚度时，在数字前加"t"，无需再画视图表示厚度 |

（续表）

| 标注内容 | 标注示例 | 说明 |
|---|---|---|
| 对称结构 | 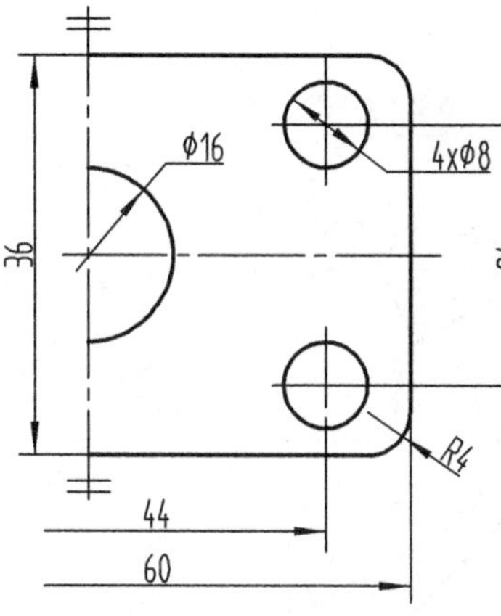 | 对称机件的图形只画出一半或大于一半时，尺寸线应略超过对称中心线或断裂处的边界，只在尺寸线一端画出箭头 |
| 光滑过渡 | 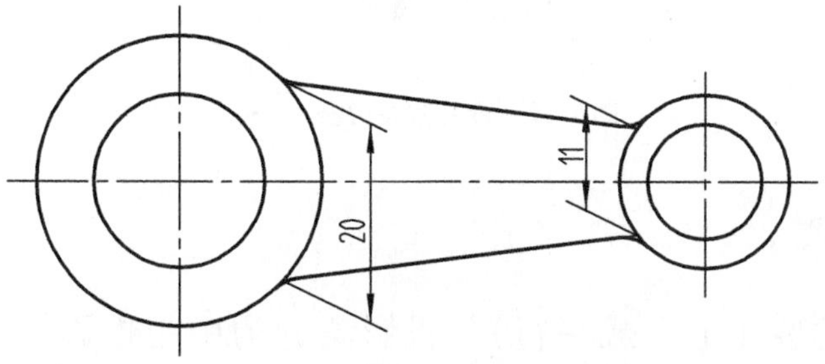 | 光滑过渡处标注尺寸时，为避免图线的不清晰，尺寸界线与尺寸线倾斜，此时用细实线将轮廓线延长，从它们的交点处引出尺寸界线 |
| 均布孔 | 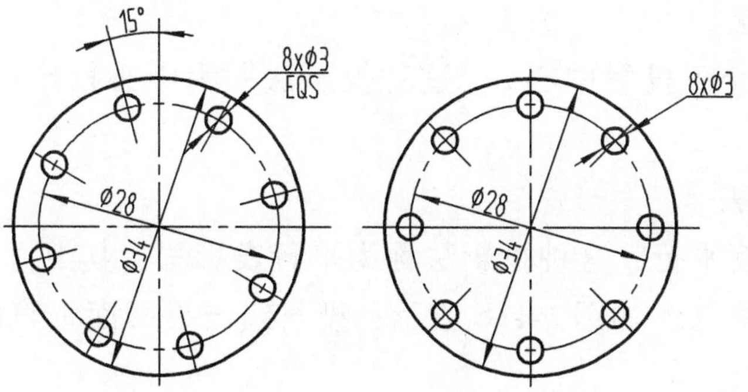 | 均匀分布的孔标注时，在其直径前加上个数，并写上均布的缩写词"EQS"。如果有孔的中心位于分布圆的对称中心线上，则可省略缩写词 |

# §1.2　投影概述

## 1.2.1　投影法的概念

物体在光线照射下，在地面或墙面上投下影子，人们根据这种自然现象加以抽象研究，得到了投影的方法。如图 1-11 所示，假设光源为投射源，光线为投射线，平面 $H$ 为投影面，这种投射线通过物体，向选定的面投射，并在该面上得到图形的方法称为投影法。投影法是工程制图的理论基础。

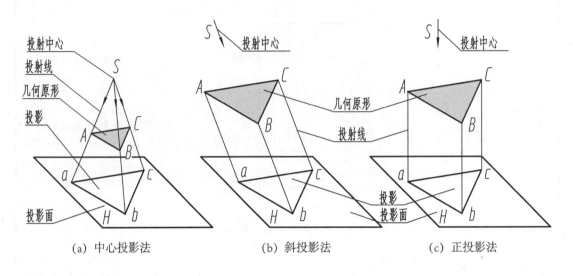

图 1-11　投影法及分类

## 1.2.2　投影法的分类

根据投射线的类型（汇交或平行），投影法分为中心投影法和平行投影法两类。

（1）中心投影法

所有投射线汇交于投射中心 $S$，这种投影法称为中心投影法，如图 1-11a 所示。

（2）平行投影法

所有投射线相互平行，这种投影法称为平行投影法。其中，投射线与投影面倾斜的称为斜投影法，如图 1-11b 所示；投射线与投影面垂直的称为正投影法，如图 1-11c 所示。

## 1.2.3　投影法在工程上的应用

（1）透视图

用中心投影法绘制的图形称为透视图。透视图与照相原理相似，具有真实、立体感强的优点，图形较接近于人眼的观感实际，多用于绘制效果图，如建筑物的外观等，如图 1-12 所示。透视图的不足之处是作图复杂且度量性差。

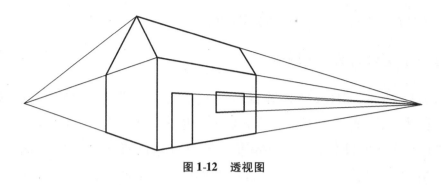

**图 1-12　透视图**

（2）轴测图

用斜投影法绘制的投影图称为轴测图。轴测图是将物体连同其参考直角坐标系，沿不平行于任一坐标平面的方向，用平行投影法将其投射在单一投影面上得到的投影图。轴测图可以将物体的长、宽、高在一个投影面上反映出来，立体感强，多用于工程制图中的辅助图样，如图 1-13 所示。轴测图的不足之处是作图繁琐，不能很好地反映物体的真实形状。

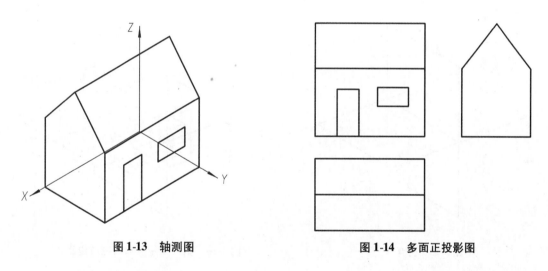

**图 1-13　轴测图**　　　　　　　**图 1-14　多面正投影图**

（3）多面正投影图

用正投影法绘制的图形称为正投影图。在绘图时，若将物体按自然位置放平、摆正，使其主要平面平行于投影面，就可以在投影面上得到这些平面的实形，方便手工作图。由于正投影图作图方便，易于准确表达物体的真实形状和大小，因此广泛应用于工程领域，如机械制图、建筑制图等。正投影图的不足之处是直观性较差。

一般情况下，要完整清晰地表达一个物体的形状及大小，仅画一个方向的正投影图是不够的。因此需要用两个或两个以上互相垂直的投影面，将物体向投影面投射，画出它们的多面正投影图，图 1-14 所示是多面正投影图中的三视图。后面章节将详细介绍多面正投影图的应用。

### 1.2.4　第一角画法与第三角画法

如图 1-15 所示，用水平和垂直两个投影面，可把空间划分为四个部分，每个部分称为一个分角。将物体置于第一分角内投射获得的多面正投影图称为第一角画法（第一角投影），将物体置于第三分角内投射获得的多面正投影图称为第三角画法（第三角投影）。这两种投影体制在世界各国的技术图样中都有使用，我国及俄国、德国、英国、法国等国家采用第一角画法，美国、日本、加拿大等国家采用第三角画法。为便于国际交流，下面简单介绍两种画法的区别。

如图 1-16 所示，第一角画法是将物体置于观察者和投影面之间，而第三角画法是将投影面置于观察者和物体之间，假设投影面是透明的，相当于观察者隔着玻璃看物体。

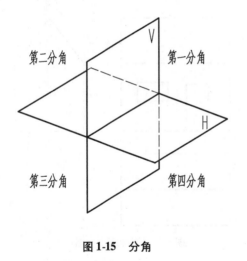

图 1-15　分角

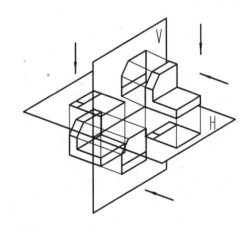

图 1-16　第一角投影和第三角投影

如图 1-17 所示，表示一个物体可以有六个基本投射方向，在投影面上得到六个基本视图（详见第 5 章）。六个基本视图在第一角画法中的配置（图 1-18）和在第三角画法中的配置（图 1-19）有所不同。我国国家标准规定：工程图样应采用正投影法绘制，并优先采用第一角画法，必要时（如按合同规定等）允许使用第三角画法。采用第三角画法时，必须在标题栏中画出识别符号（图 1-20）。

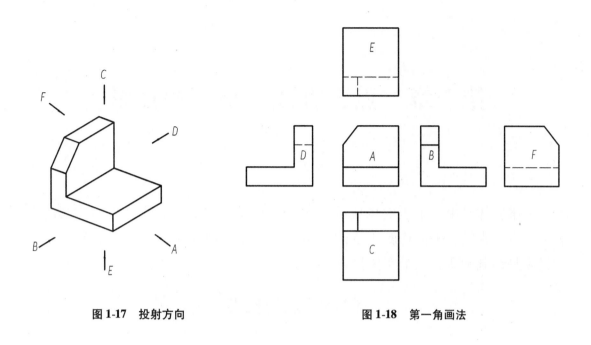

图 1-17　投射方向

图 1-18　第一角画法

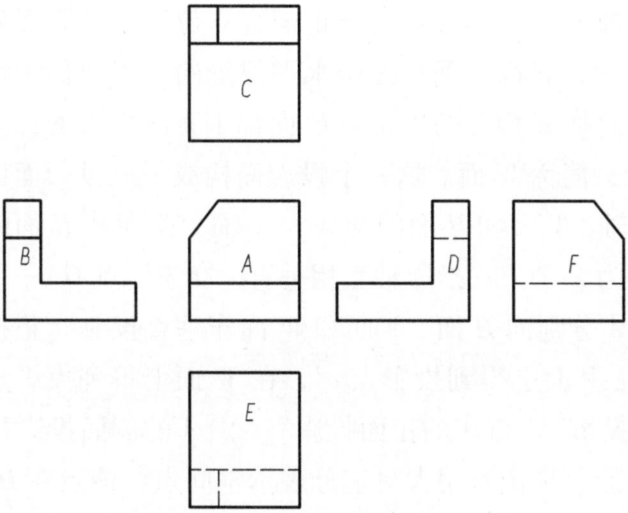

图 1-19　第三角画法

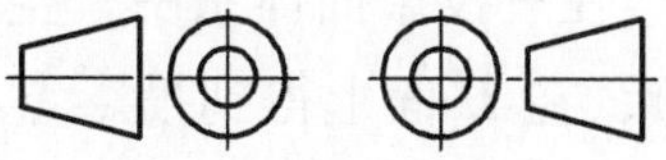

图 1-20　识别符号

（a）第一角画法　（b）第三角画法

# 第 2 章　点、直线、平面的投影

三维实体是由多个表面构成的，面则由边界线构成，而线又可用连续的点表示。点、直线、平面均属于空间基本几何元素，绘制和研究点、直线、平面的投影是绘制和研究三维实体投影的基础。

## §2.1　点的投影

### 2.1.1　点的三面投影图

图 2-1a 所示为空间三个两两垂直的投影面：处于正面直立位置的投影面称为正立投影面，用大写字母 $V$ 表示，简称 $V$ 面；处于水平位置的投影面称为水平投影面，用大写字母 $H$ 表示，简称 $H$ 面；与 $V$ 面、$H$ 面都垂直的投影面称为侧立投影面，用大写字母 $W$ 表示，简称 $W$ 面。这三个投影面构成了三投影面体系。投影面之间的交线称为投影轴，$V$ 面和 $H$ 面的交线为 $X$ 轴，$W$ 面和 $H$ 面的交线为 $Y$ 轴，$V$ 面和 $W$ 面的交线为 $Z$ 轴，三投影轴互相垂直，交于原点 $O$。

在三投影面体系中，空间点 $A$ 分别向 $H$ 面、$V$ 面和 $W$ 面作垂直投射（正投影），在 $H$ 面上得到投影点 $a$，在 $V$ 面上得到投影点 $a'$，在 $W$ 面上得到投影点 $a''$。它们分别称为"点 $A$ 的水平投影""点 $A$ 的正面投影""点 $A$ 的侧面投影"。$a$、$a'$、$a''$ 即为空间点 $A$ 的三面投影。标记时用大写字母表示空间点，该点在 $H$、$V$、$W$ 面上的投影用相应的小写字母、小写字母加一撇、小写字母加两撇表示。

为使三个投影位于同一平面上，将 $V$ 面保持不动，$H$ 面绕 $X$ 轴向下旋转 90°，$W$ 面绕 $Z$ 轴向右旋转 90°，使它们与 $V$ 面重合，如图 2-1b 所示。再去掉投影面的边框，得到如图 2-1c 所示的点 $A$ 的三面投影图。在投影面展开时，$OY$ 轴随 $H$ 面旋转用 $OY_H$ 标记、随 $W$ 面旋转用 $OY_W$ 标记。斜线是 $\angle Y_H OY_W$ 的 45° 分角线，为辅助作图线。

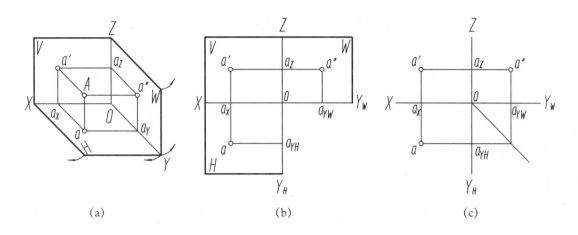

(a)　　　　　　　　　(b)　　　　　　　　　(c)

**图 2-1　点的三面投影**

## 2.1.2　点的投影规律

如图 2-1a 所示，若将三投影面体系看作空间直角坐标系，$H$、$V$、$W$ 面为坐标面，$OX$、$OY$、$OZ$ 为坐标轴，$A$ 点的三个直角坐标为 $x_A$、$y_A$、$z_A$。其中 $A$ 点的水平投影 $a$ 由 $x_A$、$y_A$ 两坐标值确定；$A$ 点的正面投影 $a'$ 由 $x_A$、$z_A$ 两坐标值确定；$A$ 点的侧面投影 $a''$ 由 $y_A$、$z_A$ 两坐标值确定。同时由图 2-1a 可知，$A$ 点的直角坐标 $x_A$ 等于 $A$ 点到 $W$ 面的距离；$A$ 点的直角坐标 $y_A$ 等于 $A$ 点到 $V$ 面的距离；$A$ 点的直角坐标 $z_A$ 等于 $A$ 点到 $H$ 面的距离。又因为 $H$、$W$ 面均是转 90° 与 $V$ 面重合，由此得出点在三投影面体系中的投影规律：

（1）点的正面投影与水平投影的连线垂直于 $OX$ 轴（$a'a \perp OX$），且同时反映了点的 $x$ 坐标（$a'a_Z = aa_{YH} = x_A$）。

（2）点的正面投影与侧面投影的连线垂直于 $OZ$ 轴（$a'a'' \perp OZ$），且同时反映了点的 $z$ 坐标（$a'a_X = a''a_{YW} = z_A$）。

（3）点的水平投影到 $OX$ 轴的距离与点的侧面投影到 $OZ$ 轴的距离相等，且同时反映了点的 $y$ 坐标（$aa_X = a''a_Z = y_A$）。

根据点的投影规律，可由点的三个坐标，或点到三个投影面的距离画出点的三面投影图，也可根据已知点的两个投影画出点的第三投影。

【例 2-1】已知点 $A$ 的正面投影 $a'$ 和水平投影 $a$（图 2-2a），求侧面投影 $a''$。

分析与解：由点的投影规律可知，点的两个投影连线垂直相应的投影轴。题中所要求的侧面投影 $a''$（$y_A$、$z_A$），其 $z_A$ 与正面投影 $a'$ 的 $z_A$ 相等，其 $y_A$ 与水平投影 $a$ 的 $y_A$ 相等。

①过 $a$ 作直线 $\perp OY_H$ 轴并延长交于 $45°$ 分角线，由交点作直线 $\perp OY_W$ 轴。

②过 $a'$ 作直线 $\perp OZ$ 轴，与上一步所作直线相交，得到 $a''$。

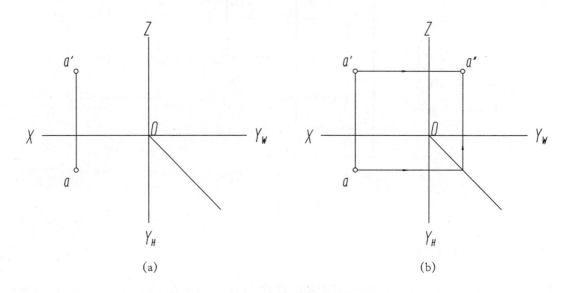

图 2-2　由点的两投影求第三投影

### 2.1.3　两点的相对位置

#### 2.1.3.1　两点相对位置的判别

两点的相对位置是指空间两点的左右、前后、上下三个方位的相对位置关系。在三面投影图中，$OX$ 方向反映左右位置，两点中 $X$ 坐标值较大者，即离 $W$ 面较远者偏左；$OY$ 方向反映前后位置，两点中 $Y$ 坐标值较大者，即离 $V$ 面较远者偏前；$OZ$ 方向反映上下位置，两点中 $Z$ 坐标值较大者，即离 $H$ 面较远者偏上。如图 2-3 所示，$x_A > x_B$，$A$ 点在 $B$ 点之左；$y_A > y_B$，$A$ 点在 $B$ 点之前；$z_A < z_B$，$A$ 点在 $B$ 点之下。

画两点相对位置的投影图时，在某些情况下，可以去掉坐标轴，只根据两点的相对关系作图。

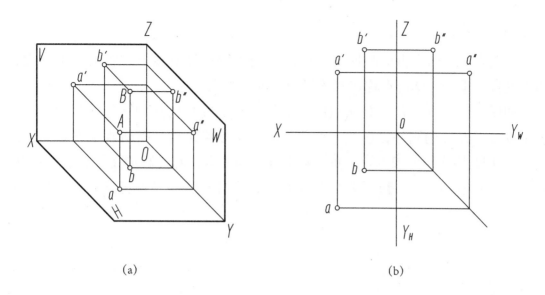

(a)　　　　　　　　　　　　　　(b)

图 2-3　两点相对位置的确定

【例 2-2】已知 A 点的无轴三面投影（图 2-4a），且 B 点在 A 点之左 10、之下 8，求作 B 点的三面投影。

分析与解：根据两点相对关系的方位（左右差 10、上下差 8、前后一致）作图，无需画出坐标轴。

①向左作线 $a'a$ 的平行线，距离 10；向下作线 $a'a''$ 的平行线，距离 8。

②上述两线交点为 B 点正面投影 $b'$；B 点水平投影 $b$ 和 A 点水平投影 $a$ 在同一水平线上，B 点侧面投影 $b''$ 和 A 点侧面投影 $a''$ 在同一竖直线上，如图 2-4b 所示。

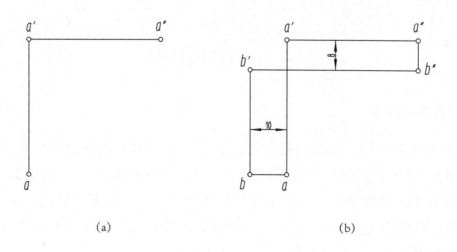

(a)　　　　　　　　　　　　　　(b)

图 2-4　根据两点相对位置求点的投影

### 2.1.3.2　重影点

当两点的某两个坐标相同时，该两点处于同一投射线上，它们在某一投影面上的投影重合，这两点称作对该投影面的重影点。

如图 2-5a 所示，$B$ 点在 $A$ 点的正上方，它们的 $x$ 坐标和 $y$ 坐标相同。两点位于垂直于 $H$ 面的同一投射线上，它们的水平投影重合，是对水平投影面的重影点。在投影图中(图 2-5b)，重影点中被遮挡的点，其投影加括号表示不可见。对 $H$ 面、$V$ 面、$W$ 面，判断重影点可见性的依据分别是"上遮下、前遮后、左遮右"。

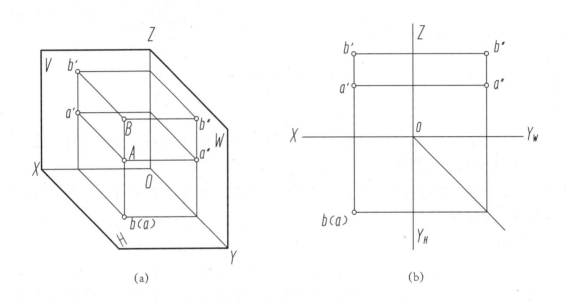

(a)　　　　　　　　　　(b)

**图 2-5　重影点**

## §2.2　直线的投影

### 2.2.1　直线的投影

两点可确定直线，直线的投影可由直线上任意两点的同面投影连线确定。如图 2-6 所示的直线 $AB$，作其三面投影，只需分别作出点 $A$ 三面投影 $a$、$a'$、$a''$，和点 $B$ 的三面投影 $b$、$b'$、$b''$，并将点 $A$ 和点 $B$ 的同面投影连线，即得到直线 $AB$ 的三面投影 $ab$、$a'b'$、$a''b''$。一般规定，以 $\alpha$、$\beta$、$\gamma$ 分别表示直线对 $H$、$V$、$W$ 面的倾角。

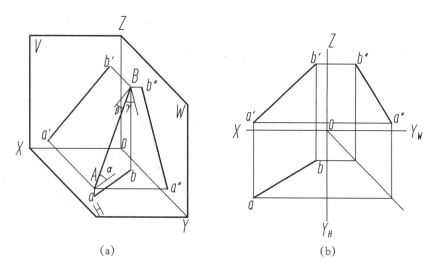

图 2-6　直线的投影

## 2.2.2　直线的投影特性

直线的投影特性由直线与投影面的相对位置决定，分为以下三类。

（1）投影面倾斜线：对三个投影面都倾斜的直线，也称一般位置直线。

（2）投影面平行线：平行于某一投影面，且与另两个投影面倾斜的直线。

（3）投影面垂直线：垂直于某一投影面的直线。

投影面平行线和投影面垂直线又称特殊位置直线。

### 2.2.2.1　一般位置直线

如图 2-6 所示，直线 AB 为一般位置直线，它的投影长度与实际长度（简称实长）的关系式为：$ab = AB\cos\alpha$，$a'b' = AB\cos\beta$，$a''b'' = AB\cos\gamma$。由此可见，一般位置直线的投影特性为：三面投影仍为直线，但均小于实长；三面投影都倾斜于相应的投影轴。

### 2.2.2.2　投影面平行线

投影面平行线按其所平行的投影面不同分为三种，它们的投影图和投影特性见表 2-1。

（1）正平线：平行于 V 面，同时倾斜于 H 面和 W 面。其正面投影反映实长和对另两个投影面的倾角，水平和侧面投影分别平行于相应的投影轴，投影长度小于实长。

（2）水平线：平行于 H 面，同时倾斜于 V 面和 W 面。其水平投影反映实长和对另两个投影面的倾角，正面和侧面投影分别平行于相应的投影轴，投影长度小于实长。

（3）侧平线：平行于 $W$ 面，同时倾斜于 $V$ 面和 $H$ 面。其侧面投影反映实长和对另两个投影面的倾角，正面和水平投影分别平行于相应的投影轴，投影长度小于实长。

表 2-1　投影面平行线的投影特性

| 名称 | 正平线 | 水平线 | 侧平线 |
|---|---|---|---|
| 立体图 | | | |
| 投影图 | | | |
| 投影特性 | $a'b' = AB$，反映 $\alpha$、$\gamma$<br>$ab /\!/ OX$，$a''b'' /\!/ OZ$ | $ab = AB$，反映 $\beta$、$\gamma$<br>$a'b' /\!/ OX$，$a''b'' /\!/ OY_W$ | $a''b'' = AB$，反映 $\alpha$、$\beta$<br>$ab /\!/ OY_H$，$a'b' /\!/ OZ$ |

### 2.2.2.3　投影面垂直线

投影面垂直线按其所垂直的投影面不同分为三种，它们的投影图和投影特性见表 2-2。

（1）正垂线：垂直于 $V$ 面（必定平行 $H$ 面和 $W$ 面），其正面投影积聚为点，水平和侧面投影分别垂直于相应的投影轴且反映实长。

（2）铅垂线：垂直于 $H$ 面（必定平行 $V$ 面和 $W$ 面），其水平投影积聚为点，正面和侧面投影分别垂直于相应的投影轴且反映实长。

（3）侧垂线：垂直于 $W$ 面（必定平行 $V$ 面和 $H$ 面），其侧面投影积聚为点，正面和水平投影分别垂直于相应的投影轴且反映实长。

**表 2-2  投影面垂直线的投影特性**

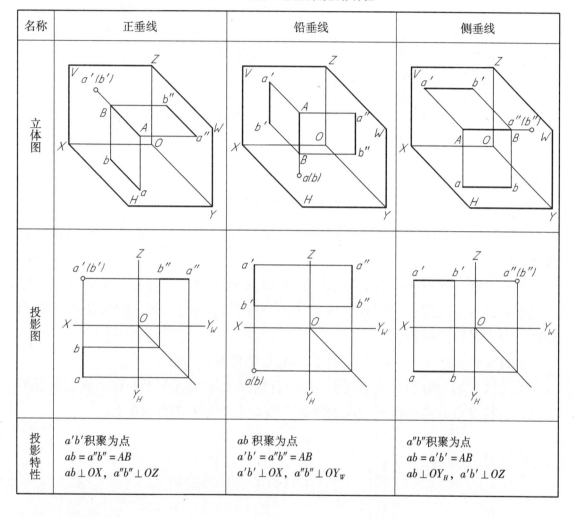

| 名称 | 正垂线 | 铅垂线 | 侧垂线 |
|---|---|---|---|
| 立体图 | | | |
| 投影图 | | | |
| 投影特性 | $a'b'$ 积聚为点<br>$ab = a''b'' = AB$<br>$ab \perp OX$，$a''b'' \perp OZ$ | $ab$ 积聚为点<br>$a'b' = a''b'' = AB$<br>$a'b' \perp OX$，$a''b'' \perp OY_W$ | $a''b''$ 积聚为点<br>$ab = a'b' = AB$<br>$ab \perp OY_H$，$a'b' \perp OZ$ |

## 2.2.3  直线上的点

点在直线上，则点的各个投影一定在直线的同面投影上，且符合点的投影规律；同时直线上的点分直线长度之比等于点的投影分直线投影长度之比。如图 2-7 所示，点 $C$ 在直线 $AB$ 上，点 $C$ 的三面投影 $c$ 、$c'$、$c''$ 分别在直线 $AB$ 的三面投影 $ab$ 、$a'b'$、$a''b''$ 上，且符合点的投影规律。同时，点 $C$ 将直线 $AB$ 分成两段 $AC$ 和 $CB$，点 $C$ 的投影 $c$ 、$c'$、$c''$ 将直线 $AB$ 的投影 $ab$ 、$a'b'$、$a''b''$ 也分别分成两段，它们有如下关系：

$$AC : CB = ac : cb = a'c' : c'b' = a''c'' : c''b''$$

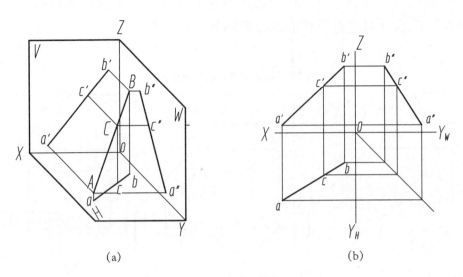

(a)　　　　　　　　　　　　　(b)

图 2-7　直线上的点

【例 2-3】已知直线 $AB$ 和点 $C$ 的两面投影(图 2-8a),试判断点 $C$ 是否在直线 $AB$ 上。

分析与解:根据 $AB$ 的两面投影可知 $AB$ 为侧平线,可以通过画侧面投影进行判断;也可以通过点分割线段成定比的规律进行判断。第二种方法作图较为简便,以下是作图过程:

①过 $a$ 作直线 $ab_0 = a'b'$,在直线 $ab_0$ 上量取 $ac_0 = a'c'$。

②连线 $b_0b$,构成 $\triangle a\ b_0b$。过 $c_0$ 作一直线 $/\!/\ b_0\ b$ 交 $a\ b$ 于一点。该点与 $c$ 不重合,不符合点分割线段成定比的规律,因此点 $C$ 不在直线 $AB$ 上。

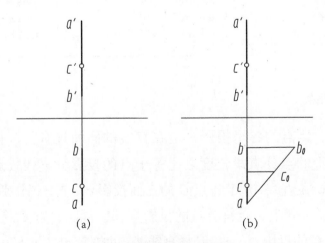

(a)　　　　　　　　　　　(b)

图 2-8　判断点是否在直线上

### 2.2.4　两直线的相对位置

空间两直线的相对位置有平行、相交和交叉三种。平行或相交的两条直线称为共面直线，交叉的两条直线称为异面直线。

（1）平行两直线

空间平行两直线的同面投影必定平行；反之，若两直线的同面投影都平行，则空间两直线平行。如图 2-9 所示，直线 $AB$ // 直线 $CD$，它们的投影 $ab$ // $cd$、$a'b'$ // $c'd'$、$a''b''$ // $c''d''$。

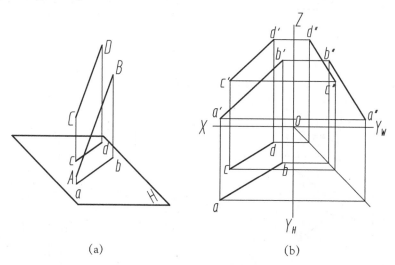

(a)　　　　　　　　　　(b)

**图 2-9　平行两直线**

（2）相交两直线

空间相交两直线的同面投影必定相交，其交点符合点的投影规律，即两直线交点的投影必定是两直线投影的交点；反之，两直线的同面投影都相交，且交点符合点的投影规律，则空间两直线必定相交。如图 2-10 所示，直线 $AB$ 和直线 $CD$ 相交，交点为 $K$；它们的投影 $ab$ 和 $cd$ 相交，交点为 $k$；$a'b'$ 和 $c'd'$ 相交，交点为 $k'$；$a''b''$ 和 $c''d''$ 相交，交点为 $k''$。$k$、$k'$、$k''$ 是空间点 $K$ 的三面投影。

（3）交叉两直线

既不平行又不相交的空间两直线称为交叉两直线。图 2-11 所示为两交叉直线 $AB$ 和 $CD$ 的投影图，它们的投影分别相交，但它们投影的交点连线不垂直 $X$ 轴。其中正面投影 $a'b'$ 和 $c'd'$ 的交点是 $AB$ 上点 Ⅰ 和 $CD$ 上点 Ⅱ 对 $V$ 面重影点的投影，Ⅱ遮Ⅰ（Ⅱ前Ⅰ后）；水平投影 $ab$ 和 $cd$ 的交点是 $AB$ 上点 Ⅲ 和 $CD$ 上点 Ⅳ 对 $H$ 面重影点的投影，Ⅳ遮Ⅲ（Ⅳ上Ⅲ下）。

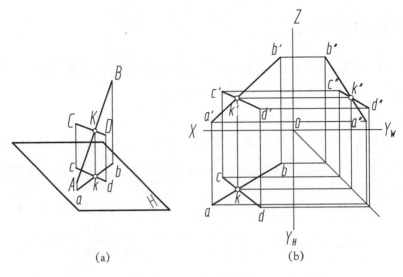

(a)　　　　　　　　　　　　　　(b)

图 2-10　相交两直线

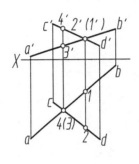

图 2-11　交叉两直线

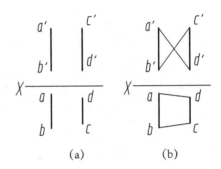

(a)　　　　　　(b)

图 2-12　判别两直线相对位置

【例 2-4】已知直线 $AB$ 和 $CD$ 的两面投影（图 2-12a），试判断它们的相对位置。

分析与解：假设 $AB$ 和 $CD$ 是平行两直线，则它们应属于同面直线，可以用同面两相交直线的投影规律进行验证：将 $a'd'$ 和 $b'c'$ 连线，得一交点；再将 $ad$ 和 $bc$ 连线，显然它们的交点和 $a'd'$、$b'c'$ 连线的交点不符合相交两直线交点的投影规律，因此得出结论：$AB$ 和 $CD$ 是交叉两直线。

## §2.3　平面的投影

### 2.3.1　平面的投影

平面的表示形式有多种，包括不在同一直线上的三点、一直线和直线外的一点、平行两直线、相交两直线、任意的平面图形。图 2-13 是用 $\triangle ABC$ 表示的平面，以及它在 H、V、W 面上的投影。

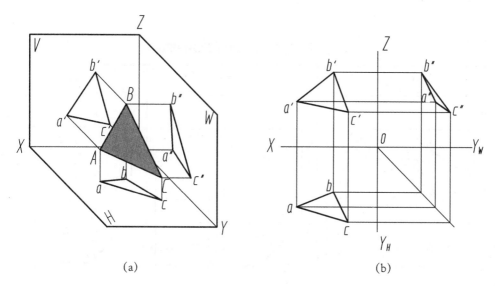

(a)　　　　　　　　　　　　　　　　(b)

**图 2-13　平面的投影**

### 2.3.2　平面的投影特性

平面的投影特性由平面与投影面的相对位置决定，分为以下三类。

（1）投影面倾斜面：对三个投影面都倾斜的平面，也称一般位置平面。

（2）投影面垂直面：垂直于某一投影面，且与另两个投影面倾斜的平面。

（3）投影面平行面：平行于某一投影面的平面。

#### 2.3.2.1　一般位置平面

图 2-13 所示△ABC 为一般位置平面，它是在 H、V、W 面上的投影面积小于实形的三角形，这种与空间图形属于同一类型的投影图称为类似形。投影面倾斜面的三面投影均为类似形，它不能真实反映平面对 H、V、W 面的倾角 α、β、γ。

#### 2.3.2.2　投影面垂直面

投影面垂直面按其所垂直的投影面不同分为三种，它们的投影图和投影特性见表 2-3。

（1）正垂面：垂直于 V 面，同时倾斜于 H 面和 W 面，其正面投影积聚为线，水平和侧面投影为缩小的类似形。

（2）铅垂面：垂直于 H 面，同时倾斜于 V 面和 W 面，其水平投影积聚为线，正面和侧面投影为缩小的类似形。

（3）侧垂面：垂直于 $W$ 面，同时倾斜于 $V$ 面和 $H$ 面，其侧面投影积聚为线，正面和水平投影为缩小的类似形。

表 2-3　投影面垂直面的投影特性

| 名称 | 正垂面 | 铅垂面 | 侧垂面 |
|---|---|---|---|
| 立体图 | 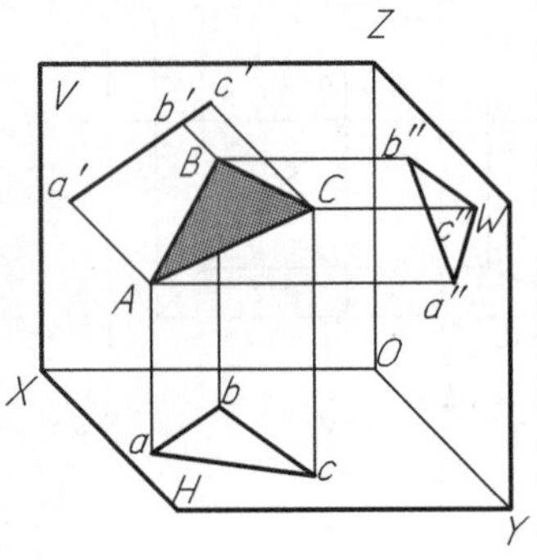 | 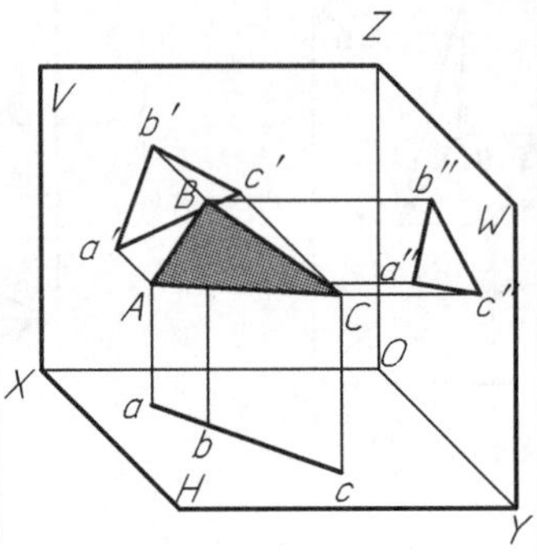 | 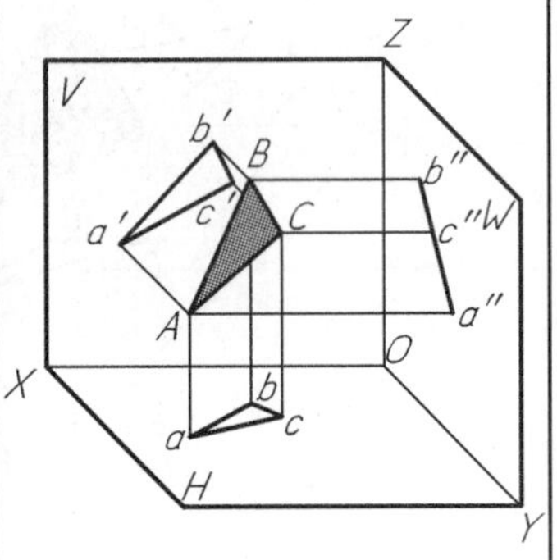 |
| 投影图 | 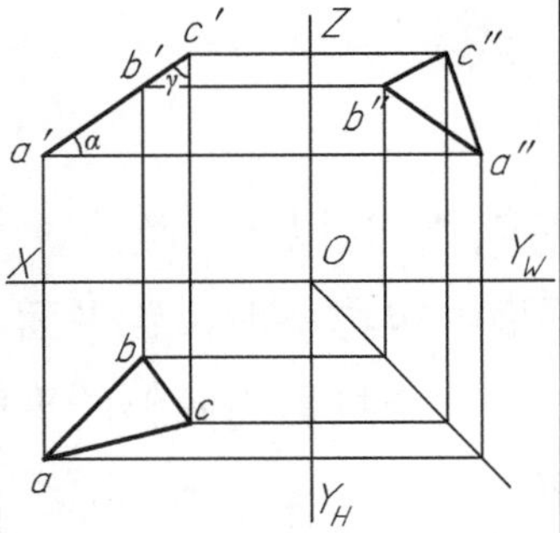 | 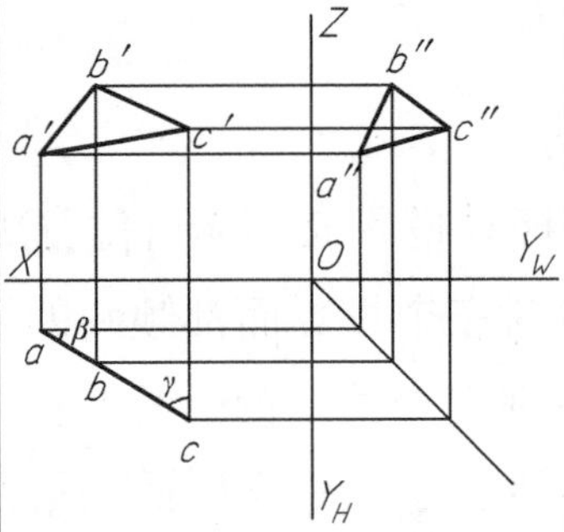 | 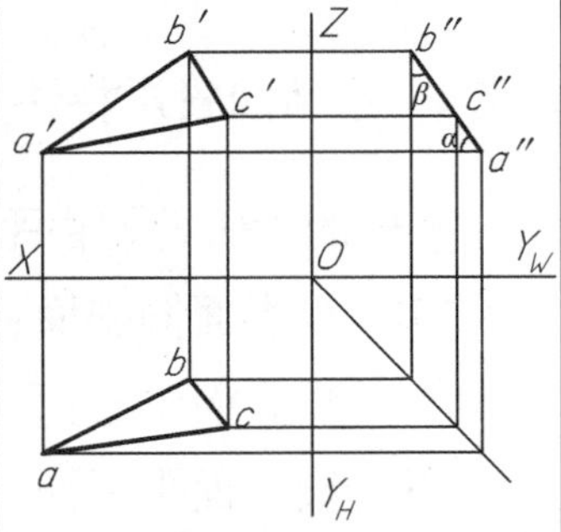 |
| 投影特性 | $a'b'c'$ 积聚为直线，反映 $\alpha$、$\gamma$；△$abc$、△$a''b''c''$ 为类似形 | $abc$ 积聚为直线，反映 $\beta$、$\gamma$；△$a'b'c'$、△$a''b''c''$ 为类似形 | $a''b''c''$ 积聚为直线，反映 $\alpha$、$\beta$；△$abc$、△$a'b'c'$ 为类似形 |

### 2.3.2.3　投影面平行面

投影面平行面按其所平行的投影面不同分为三种，它们的投影图和投影特性见表 2-4。

（1）正平面：平行于 $V$ 面（必定垂直于 $H$ 面和 $W$ 面）。其正面投影反映实形，水平和侧面投影积聚为与相应轴平行的直线。

（2）水平面：平行于 $H$ 面（必定垂直于 $V$ 面和 $W$ 面）。其水平投影反映实形，正面和侧面投影积聚为与相应轴平行的直线。

（3）侧平面：平行于 $W$ 面（必定垂直于 $V$ 面和 $H$ 面）。其侧面投影反映实形，正面和水平投影积聚为与相应轴平行的直线。

**表 2-4 投影面平行面的投影特性**

| 名称 | 正平面 | 水平面 | 侧平面 |
|---|---|---|---|
| 立体图 | 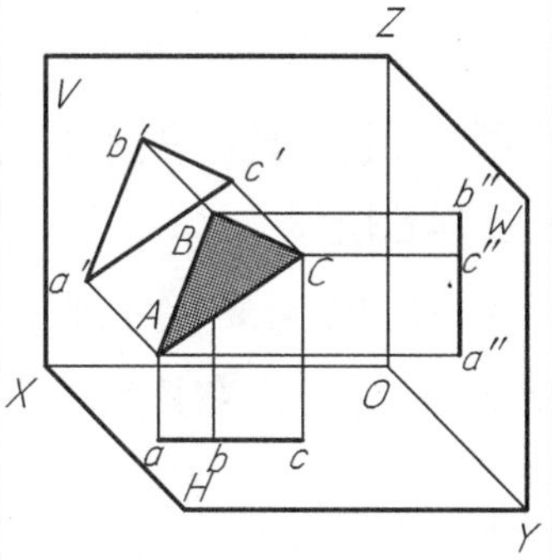 | 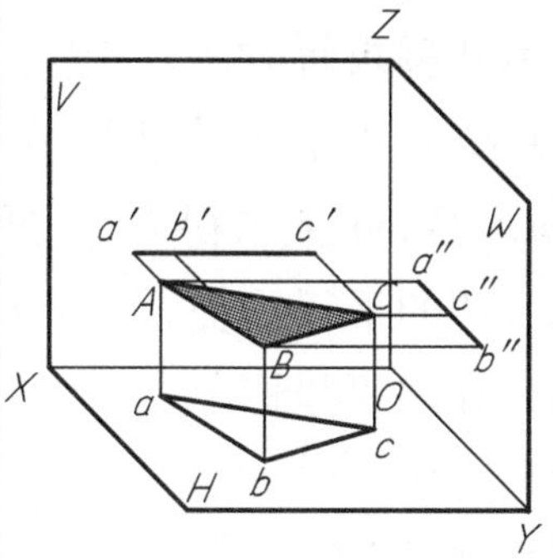 | 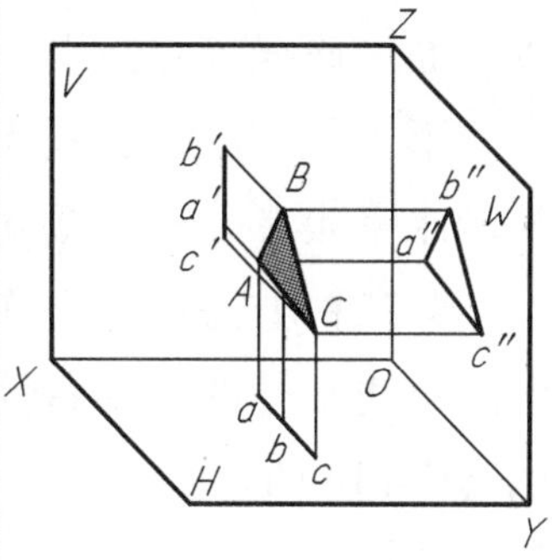 |
| 投影图 | 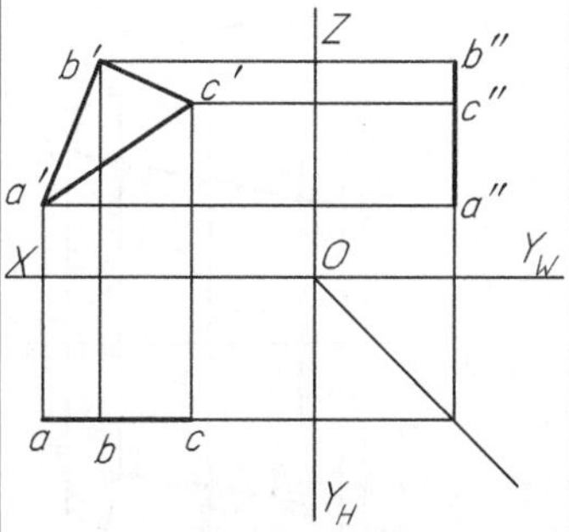 | 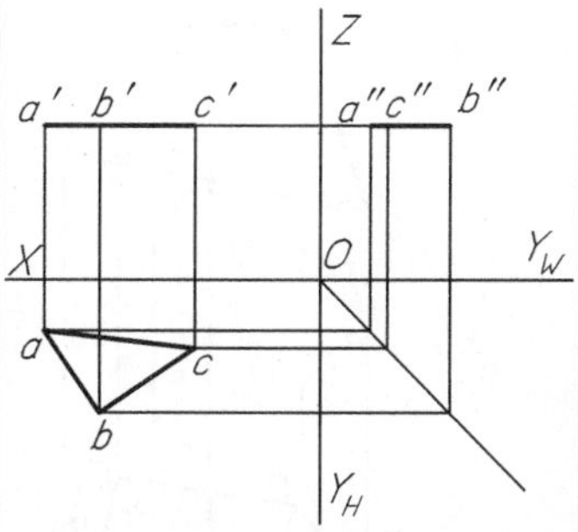 | 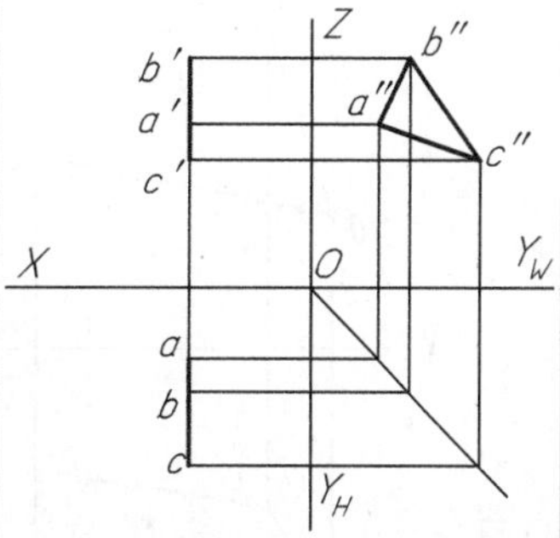 |
| 投影特性 | △a'b'c' 是△ABC 的实形，abc、a"b"c" 积聚为直线，且平行相应轴 | △abc 是△ABC 的实形，a'b'c'、a"b"c" 积聚为直线，且平行相应轴 | △a"b"c" 是△ABC 的实形，abc、a'b'c' 积聚为直线，且平行相应轴 |

## 2.3.3 平面上的点和直线

### 2.3.3.1 平面上的点

点在平面上的几何条件是：若点在平面内的任意一条直线上，则点在该平面上。在一般位置平面上作点，可先在平面上作辅助线，然后通过该线作点；在特殊位置平面上作点，则先通过平面积聚为直线的投影求得。

### 2.3.3.2 平面上的直线

直线在平面上的几何条件及作图方法有两种：

（1）若直线通过平面上的两个点，则该直线必在该平面上。

（2）若直线通过平面上的一个点，且平行于该平面上的另一直线，则该直线必在该平面上。

【例 2-5】已知点 $K$ 的正面投影 $k'$，且点 $K$ 在平面 $ABCD$ 上（图 2-14a），求点 $K$ 的水平投影 $k'$。

分析与解：平面 $ABCD$ 是一般位置平面，可以在该面上作一条过 $K$ 点的直线，通过该线求点。以下为两种求解方法。

第一种方法：连线 $b'k'$ 交 $a'd'$ 于 $m'$，由点在直线上的从属性关系，作出点 $M$ 的水平投影 $m$，连接 $bm$，在 $bm$ 上求得 $k$，如图 2-14b 所示。

第二种方法：过 $k'$ 作 $a'd'$ 的平行线交 $a'b'$ 于 $m'$，并作出点 $M$ 的水平投影 $m$。由两直线平行的投影特性，在水平投影上过 $m$ 作 $ad$ 的平行线，在该线上求得 $k$，如图 2-14c 所示。

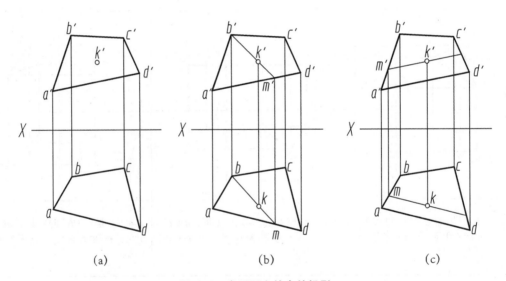

(a)　　　　　　　　(b)　　　　　　　　(c)

图 2-14　求平面上的点的投影

# 第3章 基本立体的投影

立体是由其表面闭合而形成的。立体按其表面的性质可分为平面立体和曲面立体两种，表面均由平面组成的立体称为平面立体，表面由曲面组成或由平面和曲面组成的立体称为曲面立体。工程上常见的基本平面立体有棱柱、棱锥，曲面立体主要是基本回转体，包括圆柱、圆锥、球等。

为了作图简便，从本章起在画立体投影时，将不画坐标轴（可保留作图辅助斜线），但作图时必须遵从投影规律：正面投影和水平投影位于铅垂的投影连线上，即正面、水平投影"长对正"；正面投影和侧面投影位于水平的投影连线上，即正面、侧面投影"高平齐"；水平投影和侧面投影保持前后距离相等，即水平、侧面投影"宽相等"。

## §3.1 基本平面立体的投影

画基本平面立体的投影就是画出构成基本平面立体的各个表面的投影。

### 3.1.1 棱柱

棱柱是由两个互相平行且全等的底面及若干个棱面组成的。棱柱的底面可以是任意多边形，棱面的数量和底面多边形的边数相等，所有棱线都平行。正棱柱的底面为正多边形，棱面为矩形且垂直于底面。

图 3-1a 所示的正六棱柱，它的上下底面是平行于水平面的正六边形，六个棱面中，前、后面为正平面，其余四个棱面为铅垂面。

画正六棱柱三面投影时，首先画对称中心线（细点画线），以此布图和确定基准位置；其次画反映实形的正六边形；最后根据"三等"关系，完成全部棱线。

图 3-1b 为六棱柱的三面投影，去掉坐标轴后的投影图如图 3-1c 所示。

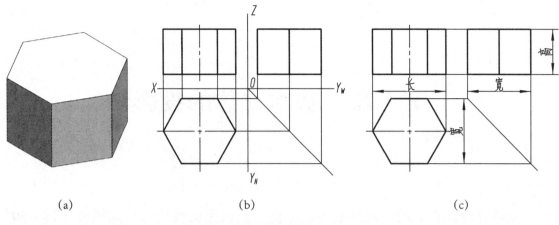

图 3-1　正六棱柱的投影

### 3.1.2　棱锥

棱锥是由一个多边形底面和若干个棱面组成的。棱面为三角形，棱面的数量和底面多边形的边数相等。所有棱面有一个公共顶点——锥顶点，棱锥的棱线交汇于锥顶点。如果是正棱锥，它的底面是正多边形，锥顶与正多边形的中心连线垂直于底面。

图 3-2 所示的正三棱锥，它的底面△ABC 是正三角形，处于水平面位置，反映实形。棱面中△SAC 为侧垂面，侧面投影积聚成直线，正面投影和水平投影为类似形；棱面△SAB、△SBC 是一般位置平面，三个投影均为类似形。作图时先画底面△ABC 的三面投影，然后作锥顶点 S 的三面投影，最后连接各棱线完成正三棱锥的三面投影。

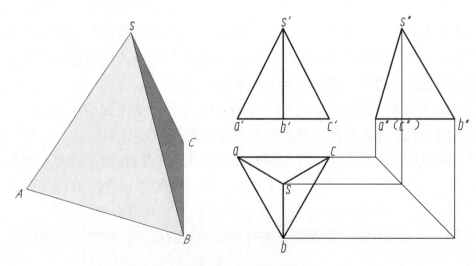

图 3-2　正三棱锥的投影

### 3.1.3　基本平面立体的表面取点

由于基本平面立体的表面均为平面，所以第二章所述平面上取点的作图方法仍可采用。但因为立体有多个表面，所以必须确定所求点在哪个表面上，同时根据该面的可见性确定点的可见性，不可见点的投影加括号表示。

【例 3-1】已知正三棱锥表面上的点 $M$ 的正面投影 $m'$、点 $N$ 的水平投影 $n$（图 3-3a），分别求出点 $M$ 和点 $N$ 的另外两个投影。

（1）求点 $M$ 的投影

分析与解：由已知条件判断点 $M$ 在棱面 $SAB$ 上，该面是一般位置平面，因此面上作点先作线。

①过 $m'$ 作直线平行于 $a'b'$，交 $s'a'$ 于 $d'$，并根据点在直线上的从属性，作出水平投影 $d$。

②根据两直线平行的投影特性，在水平投影上过 $d$ 作直线平行 $ab$，在该线上画出 $M$ 点的水平投影 $m$。

③根据"三等"关系，画出 $M$ 点的侧面投影 $m''$。如图 3-3b 所示。

（2）求点 N 的投影

分析与解：由已知条件判断点 N 在棱面 SAC 上，该面是侧垂面，侧面投影积聚成直线，因此点 N 的侧面投影在该线上。

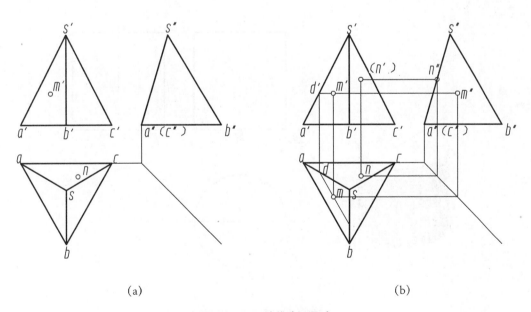

(a)　　　　　　　　　　　　　(b)

**图 3-3　正三棱锥表面取点**

①由水平投影 n 作侧面投影 n″，该点在 s″a″c″上。

②由 n 和 n″作出 n′，因为棱面 SAC 在后面，正面投影不可见，因此点 N 的正面投影加括号，表示其不可见。如图 3-3b 所示。

# §3.2　基本回转体的投影

## 3.2.1　圆柱

圆柱体表面是由圆柱面和两底面组成的。圆柱面是由一直母线绕与之平行的轴线回转而成的。

图 3-4 所示的直立圆柱，其轴线垂直于 $H$ 面，上下两底面为水平面，它们的水平投影重合且反映实形圆，另两个投影积聚为直线，长度等于圆柱直径；圆柱面的水平投影积聚（重影）成圆，与底面的边轮廓圆重合。圆柱面的另外两个投影为大小相同的矩形，矩形的竖边是圆柱对相应投影面的转向轮廓线的投影（也称侧影轮廓线或轮廓素线），也是圆柱关于该投影面可见与不可见的分界线。图中 $AA_1$ 是对 $V$ 面的（左）转向轮廓线，是圆柱 $V$ 投影上可见与不可见的分界线（右转向轮廓线同理）；$BB_1$ 是对 $W$ 面的（前）转向轮廓线，是圆柱 $W$ 投影上可见与不可见的分界线（后转向轮廓线同理）。

画圆柱的三面投影时，首先画轴线和中心线（细点画线），再画反映实形的圆，最后完成全部投影。

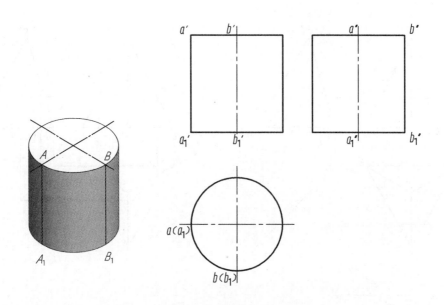

图 3-4　圆柱的投影

### 3.2.2　圆锥

圆锥体表面是由圆锥面和一底面组成的。圆锥面是由一直母线绕与之相交的轴线回转而成的，母线与轴线的交点为锥顶。

图 3-5 所示的直立圆锥，其轴线垂直于 $H$ 面，底面为水平面，水平投影反映实形圆，另两个投影积聚为直线；圆锥面的水平投影没有重影性，其投影与底面重合。圆锥面的另外两个投影为大小相同的等腰三角形，其腰线是圆锥对相应投影面的转向轮廓线的投影，也是圆锥关于该投影面可见与不可见的分界线。图中 $SA$ 是对 $V$ 面的转向轮廓线，$SB$ 是对 $W$ 面的转向轮廓线。

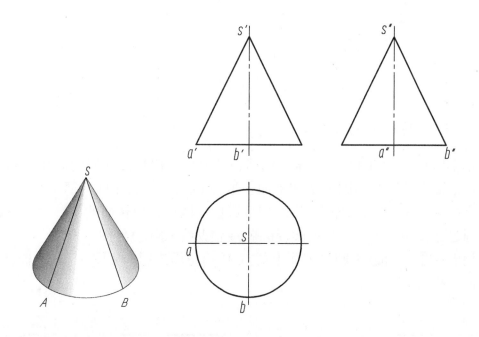

图 3-5　圆锥的投影

### 3.2.3　圆球

圆球的表面就是一个球面，是由一条圆母线绕过圆心且在同一平面的轴线回转而成的。

图 3-6 为一圆球的三面投影，它们是三个大小相等的圆，圆直径与球直径相同，它们分别是对相应投影面的转向轮廓线的投影，也是圆球关于该投影面可见与不可见的分界线。$A$ 是球面对 $V$ 面的转向轮廓线，$B$ 是球面对 $H$ 面的转向轮廓线，$C$ 是球面对 $W$ 面的转向轮廓线。

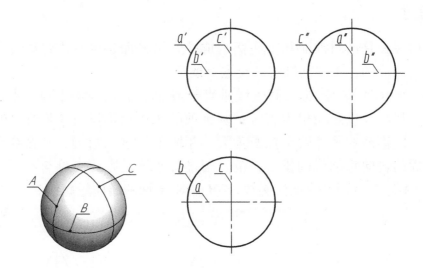

图 3-6　圆球的投影

### 3.2.4　基本回转体的表面取点

　　基本回转体，如圆柱、圆锥、圆球，其表面由回转面或回转面和平面构成。若点在平面上，则其作图方法和平面上取点相同。若点在回转面上，而回转面的某个投影重影（积聚）成圆，则利用重影性作图；若回转面的投影没有重影性，则可通过在回转面上添加辅助圆（纬圆）或辅助线（素线）作图。

　　【例 3-2】已知水平圆柱表面上的点 $M$ 的正面投影 $m'$（图 3-7a），求点 $M$ 的另外两个投影。

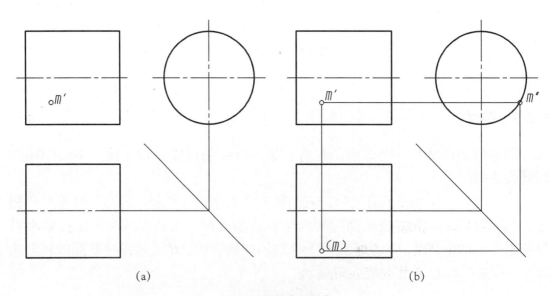

　　　　　　　　（a）　　　　　　　　　　　　　　　　　　（b）

图 3-7　圆柱表面取点

分析与解：点 $M$ 在圆柱面上，圆柱面的侧面投影重影成圆，因此 $m''$ 在该圆上。

①过 $m'$ 作一水平线和圆柱面的侧面投影相交，取前方交点得到 $m''$。

②由 $m'$ 和 $m''$ 作出水平投影 $m$，作图过程如图 3-7b 所示。点 $M$ 在圆柱面下方，加括号表示不可见。

【例 3-3】 已知直立圆锥表面上的点 $M$ 的水平投影 $m$（图 3-8a），求点 $M$ 的另外两个投影。

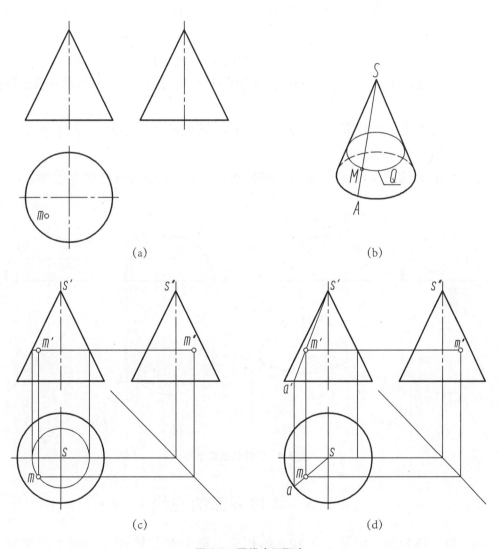

(a) (b) (c) (d)

**图 3-8　圆锥表面取点**

分析与解：①纬圆法：在圆锥面上过点 $M$ 作一与轴线垂直的水平圆 $Q$，如图 3-8b 所示，$Q$ 的水平投影为反映实形的圆，$Q$ 的正面投影为一水平直线。作图过程如图 3-8c 所示：在水平投影上以 s 为圆心，sm 为半径作圆；画出该圆的正面投影——水平直线，再作线上点 m′；画出侧面投影 m″。

②素线法：过锥顶 S 向点 M 引直线并延长交底圆轮廓于 A，如图 3-8b 所示，该线是圆锥面上的一条素线。再通过线上取点完成点 M 的两个投影。作图过程如图 3-8d 所示：在水平投影上连 sm 并延长交圆于 a；画出 sa 的正面投影 s′a′，再作 s′a′ 上点 m′；画出侧面投影 m″。

【例 3-4】已知半圆球表面上的点 M 的正面投影 m′（图 3-9a），求点 M 的另外两个投影。

分析与解：圆球表面上取点都需通过纬圆法作图，即在圆球表面上过所求点作和投影面平行的辅助圆。

如图 3-9b 所示，以作水平辅助圆为例说明作图过程：

①在正面投影上过 m′ 作一条水平线和转向轮廓线相交，该线即辅助圆的正面投影。

②在水平投影上画出辅助圆的投影，并根据点的方位在圆上求得点 m。

③由两投影画出侧面投影 m″。

通过作正平辅助圆或侧平辅助圆同样可以求出 M 点的另外两个投影。

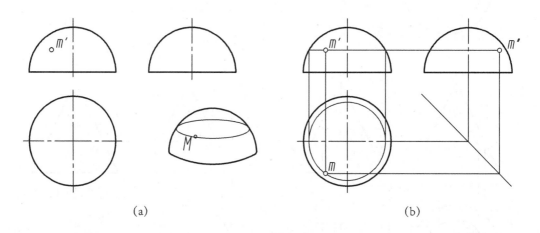

(a)　　　　　　　　　　　　　　(b)

**图 3-9　圆球表面取点**

## §3.3　立体表面的交线

平面和立体相交，或者立体和立体相交，都会在立体相关表面上产生交线。交线是两相交表面公共点的集合，因此求立体表面交线的投影，就是求两表面公共点的投影。

### 3.3.1　平面和立体相交

平面和立体相交，即立体被截切，切割立体的平面称为截平面。截平面与立体表面的交线称为截交线，截交线围成的平面图形称为截断面，如图 3-10所示。

截交线具有以下性质：

（1）截交线是截平面和立体表面的共有线，截交线上的点是截平面和立体表面的共有点。

（2）截交线的形状取决于立体的形状和截平面与立体的相对位置。截断面一般为封闭的平面图形。

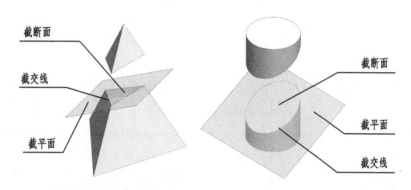

**图 3-10**　平面和立体相交

#### 3.3.1.1　平面与平面立体相交

求平面与平面立体相交的截交线，就是求平面与平面立体棱面或底面的交线，这些交线围成一个封闭的多边形，多边形的顶点是截平面和棱线或底面轮廓的交点。

**【例 3-5】** 如图 3-11a 所示，完成正三棱锥被截切后的水平和侧面投影。

分析与解：正三棱锥被正垂面截切，三个棱面和正垂面都相交，因此截断面是一个三角形，它的水平投影和侧面投影为类似形。三角形的顶点是截平面和棱线的交点。

①画出未截切正三棱锥的侧面投影，确定截平面和棱线的交点 $A$、$B$、$C$ 的正面投影 $a'$、$b'$、$c'$，如图 3-11b 所示。

②分别作出交点 $A$、$B$、$C$ 的水平投影和侧面投影，如图 3-11c 所示。

③将所作交点连线，并将未切割的棱线连接到交点；加粗所有可见轮廓线，如图 3-11d 所示。

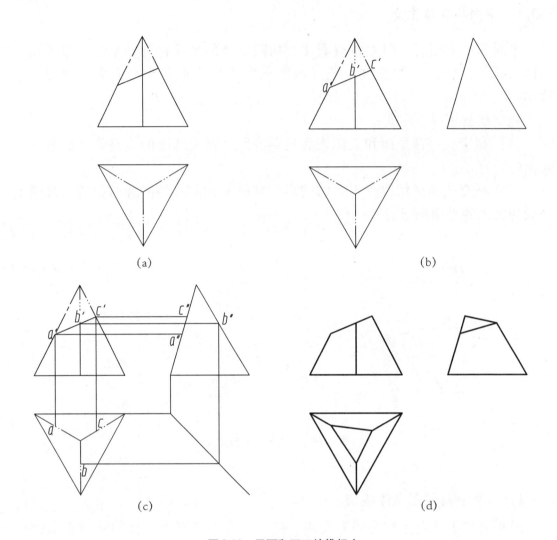

(a)

(b)

(c)

(d)

**图 3-11　平面和正三棱锥相交**

【**例 3-6**】已知正垂面截切五棱柱的正面和侧面投影（图 3-12a），求水平投影。

分析与解：题中截平面和五棱柱的前两个棱面、上棱面、后棱面以及左底面，共五个面相交，截断面是五边形，它的水平投影和侧面投影为类似形。五边形的顶点分别是截平面和棱线的交点，及截平面和左底面轮廓的交点。

①画出未截切五棱柱的水平投影，如图 3-12b 所示。

②确定截断面的正面投影和侧面投影的各个顶点：$A$、$B$、$C$、$D$、$E$，作出其水平投影 $a$、$b$、$c$、$d$、$e$，并依次连接，如图 3-11c 所示。

③在水平投影上将棱线连接到截断面顶点，可见棱线加粗，如图 3-11d 所示。

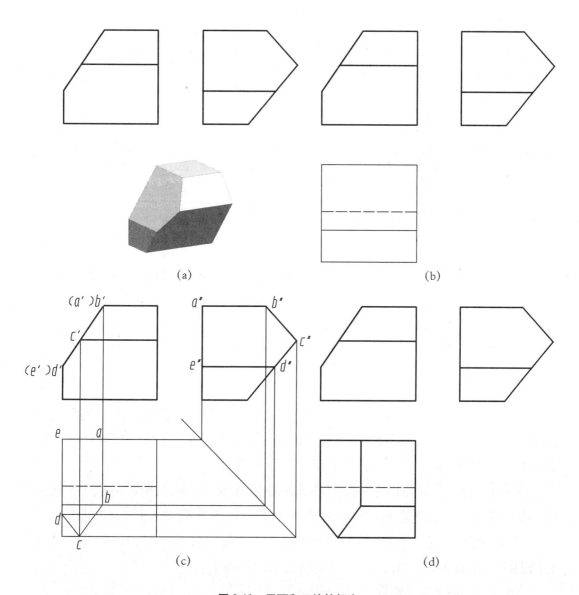

(a)　　　　　　　　　　　　(b)

(c)　　　　　　　　　　　　(d)

**图 3-12**　平面和五棱柱相交

### 3.3.1.2　平面与基本回转体相交

因为基本回转体表面包括曲面和平面，又因为截平面和基本回转体的相对位置不同，所以它们相交后的截交线形状会有所不同，一般情况下是封闭的平面曲线，或由平面曲线和直线组成的封闭线框。

（1）平面与圆柱相交

平面与圆柱体表面的交线，按截平面和圆柱的相对位置不同，截交线有三种形式，如表 3-1 所示。

表 3-1　平面与圆柱相交

| 截平面位置 | 平行于圆柱轴线 | 垂直于圆柱轴线 | 倾斜于圆柱轴线 |
|---|---|---|---|
| 截交线形状 | 矩形 | 圆 | 椭圆 |
| 立体图 | 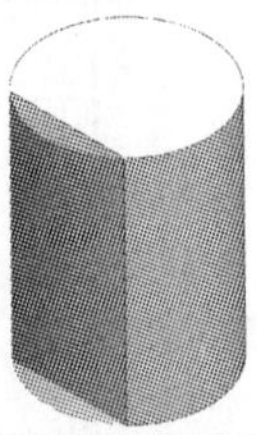 | 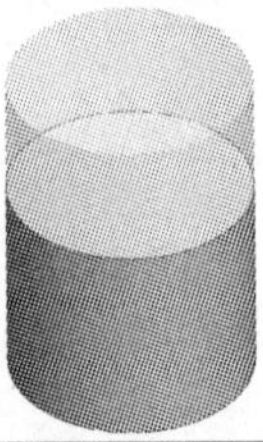 | 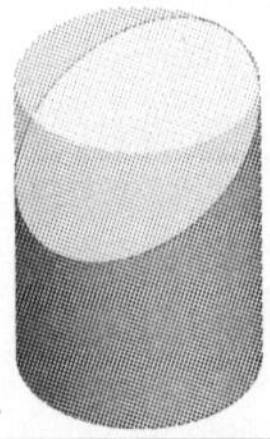 |
| 投影图 | 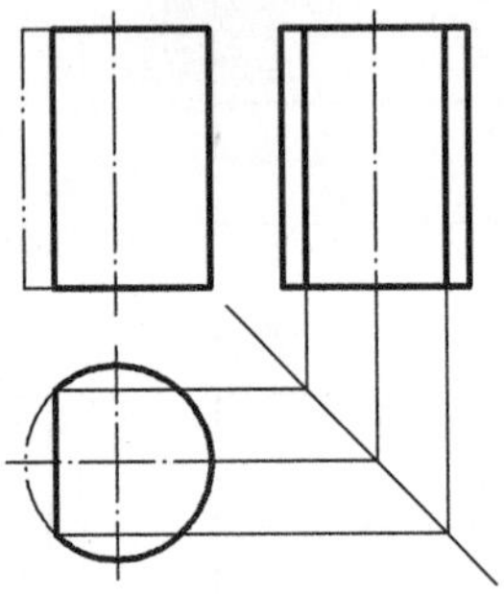 | 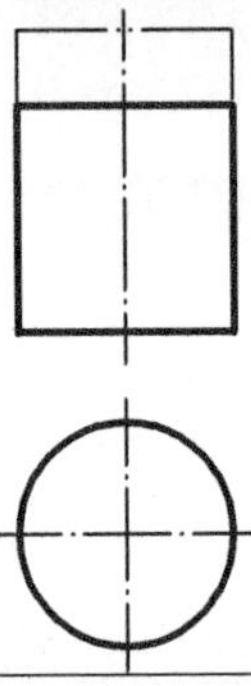 | 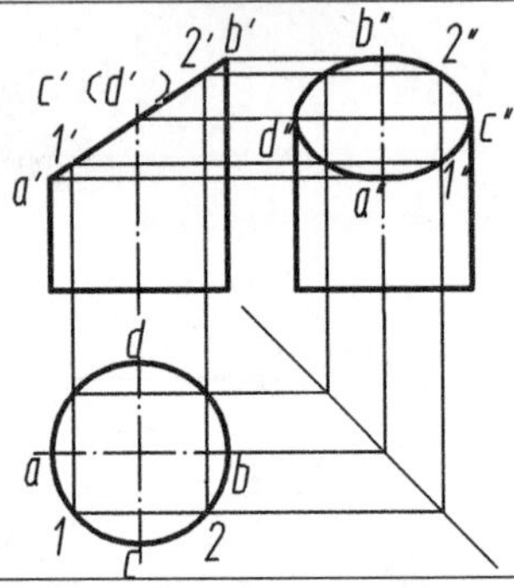 |

从表 3-1 中可见,当截交线是矩形或圆时,其投影可直接作出;当截交线是椭圆时,椭圆的正面投影重影在截平面(正垂面)上,水平投影重影在圆柱面上,而侧面投影则通过取一系列的点求得,作图步骤如下:

①求特殊点:椭圆上的特殊点是最左和最低点 $A$、最右和最高点 $B$、最前点 $C$、最后点 $D$。它们既是圆柱转向轮廓线上的点,也是椭圆长短轴的端点。

②求一般位置点:在特殊点之间再取若干一般位置点,以保证较准确地画出椭圆曲线,如表 3-1 中的Ⅰ、Ⅱ点(以及后面的对称点)。

③将已作点按相邻顺序光滑连接。

④画全圆柱未截切部分的转向轮廓线,其中对侧投影面的转向轮廓线和椭圆投影相切于 $c''$、$d''$ 点。

当截平面与圆柱轴线倾斜成45°时,截交线的侧面投影为圆,可用圆规直接作图。

(2) 平面与圆锥相交

平面与圆锥体表面的交线,按截平面和圆锥的相对位置不同,截交线有五种形式,如表 3-2 所示。

从表 3-2 中可见,当截交线为圆或三角形时,作图直接简单;当截交线为非圆曲线时,求其投影必须通过取一系列的点获得,作图时先求特殊点,再求一般位置点,最后将点按相邻顺序光滑连接,并画全未截到的圆锥转向轮廓线投影。

**表3-2　平面与圆锥相交**

| 截平面位置 | 垂直于圆锥轴线 | 过锥顶 | 平行于某条素线且与其余素线相交 | 倾斜于圆锥轴线且与全部素线相交 | 平行于圆锥轴线 |
|---|---|---|---|---|---|
| 截交线形状 | 圆 | 三角形 | 抛物线+直线 | 椭圆 | 双曲线+直线 |
| 立体图 | 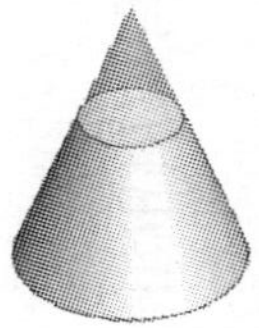 | 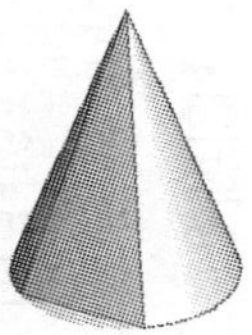 | 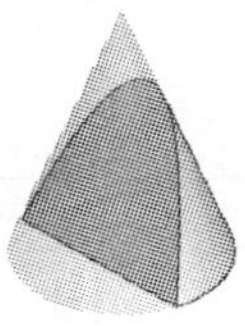 | 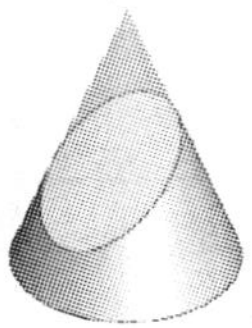 | 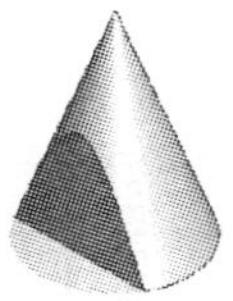 |
| 投影图 | 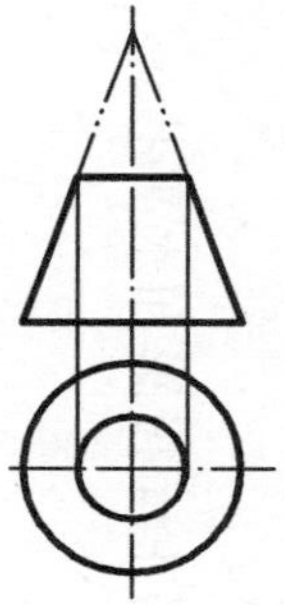 | 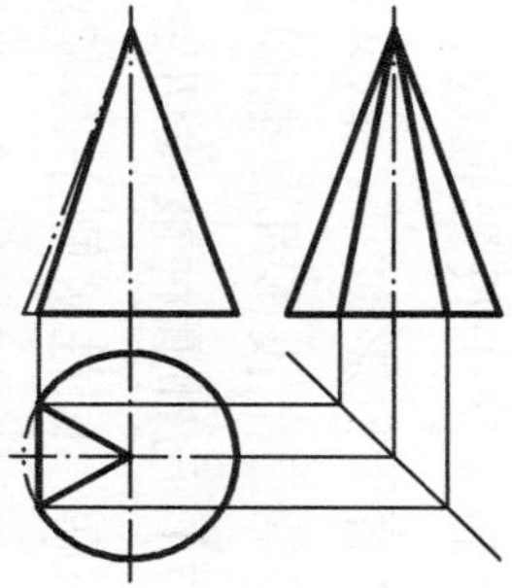 | 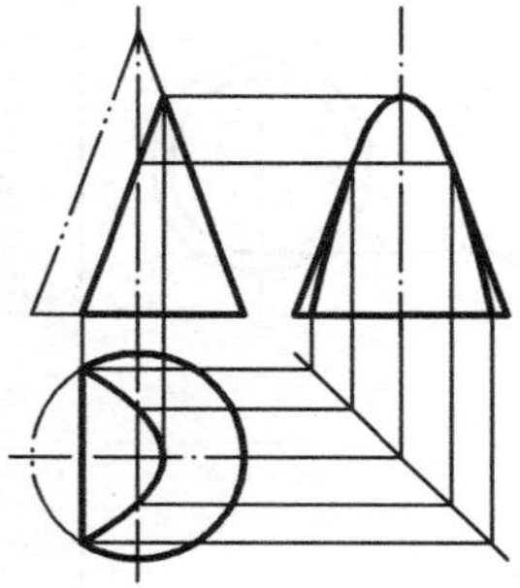 | 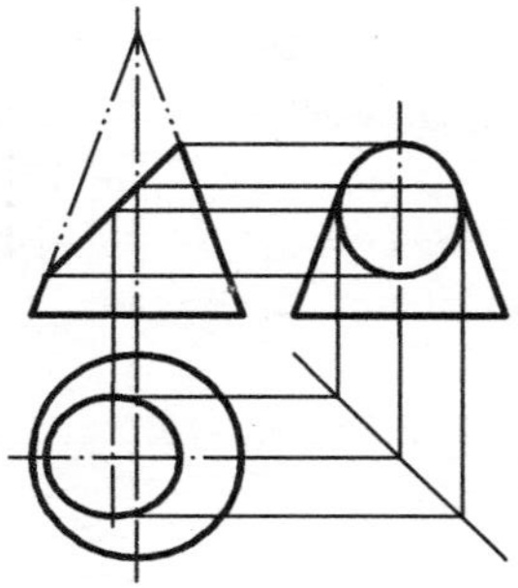 | 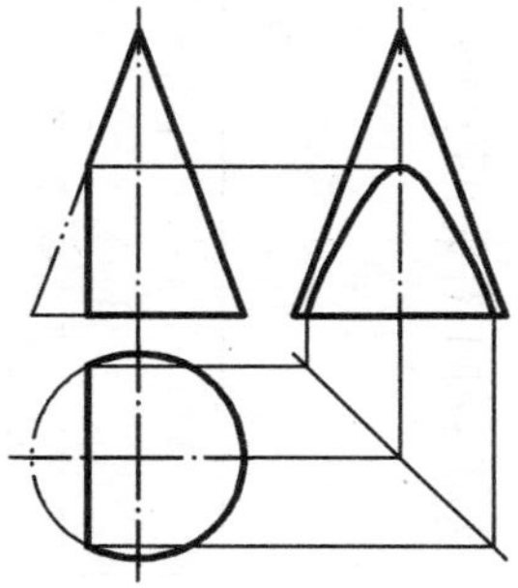 |

（3）平面与圆球相交

平面与圆球表面相交的交线一定是圆，如表3-3所示。

表3-3 平面与圆球相交

| 截平面位置 | 平行于投影面 | 垂直于投影面 |
|---|---|---|
| 截交线形状 | 圆 | 圆 |
| 立体图 | 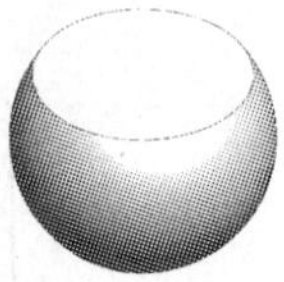 | 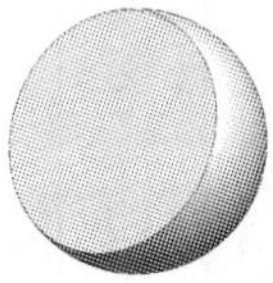 |
| 投影图 | 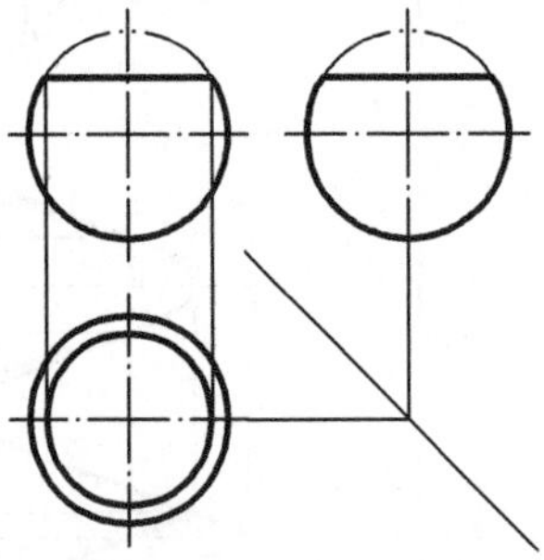 | 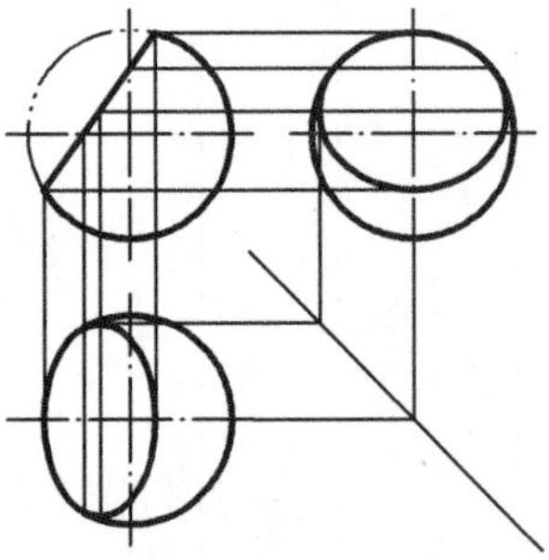 |

当截平面平行于投影面时，截交线在该投影面上的投影是反映实形的圆；当截平面垂直于投影面时，截交线的两个投影是椭圆；当截平面倾斜于投影面时，截交线的三个投影都是椭圆。椭圆也是通过球表面取点获得的。

【例3-7】已知圆柱被截切后的正面投影（图3-13a），求其另外两个投影。

分析与解：圆柱被侧平面和水平面截切，其上部俗称切片，下部俗称开槽。侧平截平面平行于圆柱轴线，截交线为矩形；水平截平面垂直于圆柱轴线，截交线为圆弧。

①根据正面投影和水平投影"长对正"，作出切片与开槽的水平投影，如图3-13b所示。

②根据正面投影和侧面投影"高平齐"、水平投影和侧面投影"宽相等"，作出切片与开槽的侧面投影，如图3-13c所示。

③完成圆柱前后转向轮廓线的投影，如图3-13d所示。因圆柱下部开通槽，故此处前后转向轮廓线不应画出。

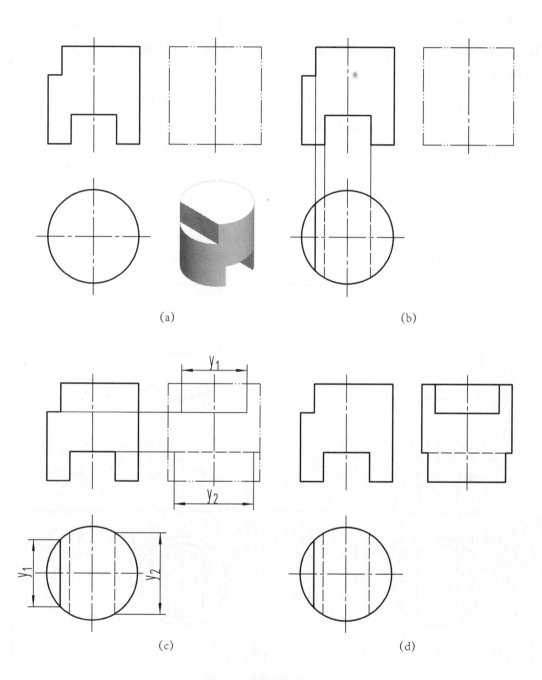

图 3-13  截切圆柱的投影

【例3-8】已知半圆球开槽的正面投影（图3-14a），求其另外两个投影。

分析与解：半圆球被一个水平面和两个侧平面截切，水平截平面和球表面相交，交线的水平投影是反映实形的圆弧；侧平截平面和球表面相交，交线的侧面投影是反映实形的圆弧。

①确定水平圆弧的直径和侧面圆弧的半径，如图3-14b所示。

②画全槽的底面和侧面的投影，如图3-14c所示。

③补全半球未开槽部分的侧面转向轮廓线，如图3-14d所示。

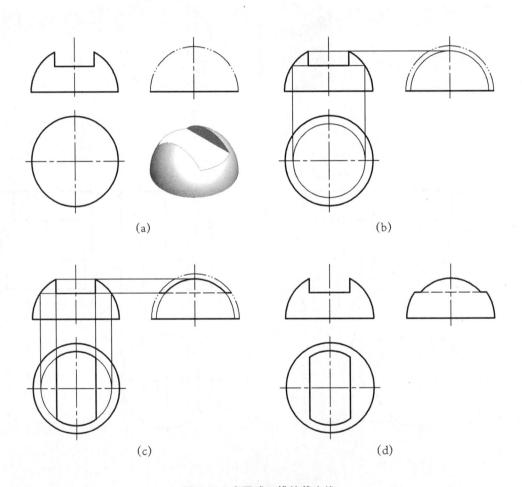

(a)　　　　　　　　　　　　　　　(b)

(c)　　　　　　　　　　　　　　　(d)

图 3-14　求圆球开槽的截交线

### 3.3.2　两基本立体相交

立体与立体相交也称相贯，两立体表面的交线称为相贯线。

相贯线具有以下性质：

（1）相贯线是相交立体表面的共有线，也是它们的分界线。相贯线上的点是相交立体表面的共有点。

（2）相贯线的形状取决于立体的形状、大小以及立体之间的相对位置。

#### 3.3.2.1　平面立体和曲面立体相交

平面立体和曲面立体相交，可以理解为平面立体的相关平面截切曲面立体的表面，因此求相贯线可以借助于求截交线的方法解决。

**【例 3-9】** 已知四棱柱和半圆柱相贯（图 3-15a），补全其三面投影。

分析与解：四棱柱和半圆柱相贯，即四棱柱的四个棱面和圆柱面相交，求四棱柱和半圆柱的相贯线，就是求四个棱面和圆柱面截交线的组合。

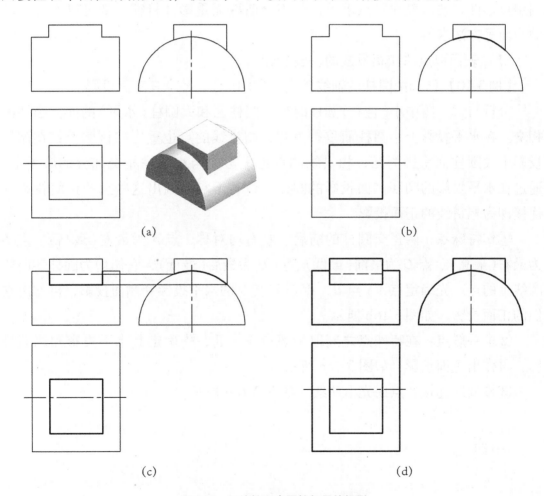

图 3-15　四棱柱和半圆柱相贯的投影

①四个棱面中前后两个为正平面，左右两个为侧平面。四个棱面在水平面上积聚为四条直线，因此相贯线的水平投影也重影在这四条直线上，如图 3-15b 所示。

②圆柱面的侧面投影积聚为半圆弧，因此相贯线的侧面投影也重影在与棱面共有部分的圆弧上，如图 3-15b 所示。

③正面投影中，由于前后两个棱面为正平面，平行于圆柱轴线，因此它们和圆柱面的交线是反映实长的直线，其中后棱面和圆柱面交线的投影因不可见画虚线。左右两个棱面垂直于圆柱轴线，因此它们和圆柱面的交线是圆弧，其投影重影在积聚为直线的棱面上，由"高平齐"画出其投影，如图 3-15c 所示。

④加粗所有可见轮廓线的投影，如图 3-15d 所示。

### 3.3.2.2　两曲面立体相交

两曲面相交，相贯线一般为封闭的空间曲线，特殊情况下是平面曲线或直线。若相交的曲面立体中有圆柱，圆柱的轴线又垂直于投影面，则相贯线可以利用重影性，通过表面取点求得；若相交曲面无重影性特征，则可以通过作辅助平面等方法求得。

（1）表面取点法作相贯线的一般步骤

【例 3-10】已知两圆柱的轴线正交（图 3-16a），补全其三面投影。

分析与解：题中小（直立）圆柱的整个圆柱面和大圆柱（水平）的部分圆柱面相交。在水平投影上小圆柱面重影为圆，相贯线的点也重影在该圆上；在侧面投影上大圆柱面重影为圆，相贯线的点也重影在与小圆柱相交部分的圆弧上。通过在水平投影的圆和侧面投影的圆弧上取若干点，画出这些点的正面投影并连接即为相贯线的正面投影。

①作特殊点：两正交圆柱的前后、左右均对称，点 $A$ 为最左（最高）、点 $B$ 为最右（最高）、点 $C$ 为最前（最低）、点 $D$ 为最后（最低），它们均为圆柱转向轮廓线上的点。先确定点 $A$、点 $B$、点 $C$ 和点 $D$ 的水平投影和侧面投影，再作出它们的正面投影，如图 3-16b 所示。

②求一般点：在特殊点之间取一般点 Ⅰ、Ⅱ，先确定其水平投影和侧面投影，再作出正面投影，如图 3-16c 所示。

③按顺序连接各点成光滑曲线，如图 3-16d 所示。

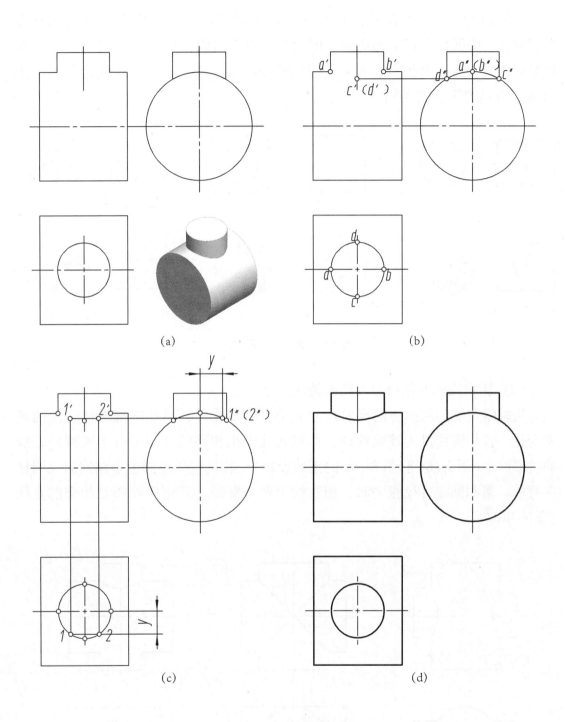

(a)

(b)

(c)

(d)

**图 3-16　两正交圆柱的投影**

例3-10中，两圆柱是外表面相交，即外外相贯。在实际应用中还有圆柱面上开圆孔、两圆柱孔相交等情况，即内外相贯、内内相贯（图3-17）。以上情况都是圆柱面和圆柱面相交，如果它们的轴线都是正交的话，相贯线的作图方法和例3-10的作图方法相同。

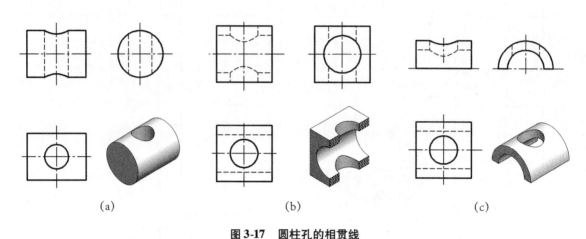

(a)　　　　　　　　　　　　　(b)　　　　　　　　　　　　　(c)

**图 3-17　圆柱孔的相贯线**

（2）相贯线的变化趋势及特殊情况

当轴线正交的两圆柱的相对尺寸大小发生变化时，其相贯线会按一定的规律变化。较小圆柱贯入较大圆柱，在贯入处产生相贯线，在平行于两圆柱轴线的投影面中（图3-18a 和图3-18c 的正面投影），相贯线的投影由小圆柱向大圆柱内弯曲。当两圆柱直径相同时，相贯线为两个椭圆，其正面投影是相交的直线（图3-18b）。

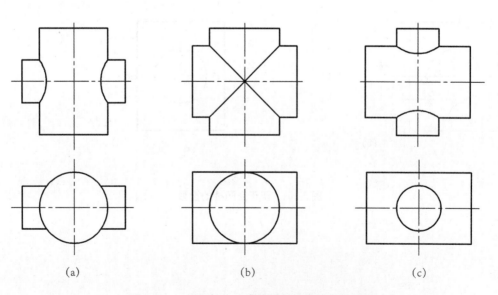

(a)　　　　　　　　　　　　　(b)　　　　　　　　　　　　　(c)

**图 3-18　正交圆柱大小变化时相贯线的变化规律**

在特殊情况下，两回转体的相贯线可以是平面曲线，除了图 3-18b 所示的椭圆外，当相交的两个回转体具有公共轴线时，它们的相贯线是垂直于公共轴线的圆，如图 3-19a 所示。当两相交圆柱的轴线平行时，或两圆锥共顶时，相贯线为直线，如图 3-19b、图 3-19c 所示。

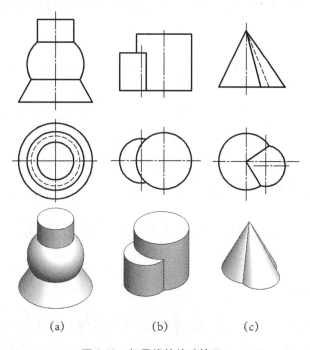

(a)　　　　　(b)　　　　　(c)

**图 3-19　相贯线的特殊情况**

（3）相贯线的简化画法

在实际生产中，为简化作图，在不产生歧义的前提下，可用简化画法替代取点作相贯线。因零件上正交圆柱相贯的情况较多，图 3-20 以两大小不等的圆柱正交为例，说明相贯线的简化画法。图中以 $a'$ 为圆心，以 $R$（大圆柱半径）为半径作圆弧交小圆柱轴线于一点，再以该点为圆心，仍以 $R$ 为半径作圆弧，所作圆弧为近似的相贯线投影。

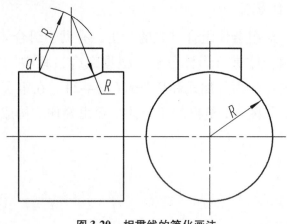

**图 3-20　相贯线的简化画法**

# 第4章 组合体的视图表达

从几何构造的角度，复杂几何体可由若干简单的几何体经过一定的布尔运算组合而成，我们将这种复杂的几何体称为组合体。本章将着重介绍组合体的组合关系及其分析方法。在此基础上，解决组合体的视图表达问题，包括组合体的绘图方法、尺寸标注方法以及读图方法。

## §4.1 组合体的基本分析方法

### 4.1.1 形体分析法

形体分析法指假想将组合体分解为若干基本体(或其他简单几何体)，并分析其相对位置关系及邻接表面组合关系，从而产生对整个组合体形状的完整概念的方法。这种分析方法贯穿组合体视图的绘制、组合体视图的尺寸标注以及组合体视图的阅读。图4-1为由轴承座简化抽象得到的组合体，它可以分解为底板、支承板、轴承、凸台和肋板等六个简单形体，每个部分又可根据分析的需要继续分解。例如底板可继续分解为长方体、圆柱体的组合。组合体表达的关键是"分"与"合"。"分"即把复杂形体分解为若干简单形体；"合"即根据各组成部分的相对位置关系及表面连接关系把所有简单形体组合成组合体。

#### 4.1.1.1 形体的组合方式

在形体分析中，对组合体组合方式的分析，有助于组合体的分解分析。

为了方便地对组合体进行形体分析，根据组合过程中增料和减料特征，组合体的基本组合方式可分为叠加式和切割式(图4-2)。在组合体中，常常是两种基本组合方式并存。如图4-1给出的组合体主要由叠加式构成，局部也包括切割式组成方式。

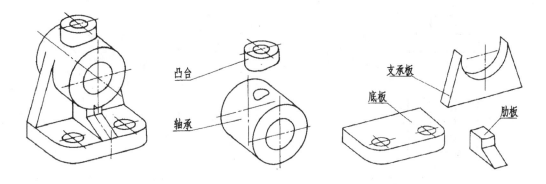

图 4-1　组合体及其分解

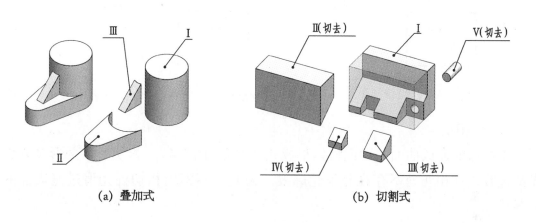

（a）叠加式　　　　　　　　　（b）切割式

图 4-2　组合体的基本组合方式

### 4.1.1.2　表面的组合关系

在形体分析时，对分解后形体表面组合关系的分析有助于组合体的合成分析。组合体的相邻表面组合关系主要有共面、相切和相交三种，下面介绍各种组合关系的特点。

（1）简单结合

简单结合要注意分析结合面是否为共面关系。当两个形体相接处表面的组合关系为共面（包括共平面和共曲面）时，其表面边界共有部分为同一个面（平面或曲面），不应再画出分界轮廓线。图 4-3 为简单结合的例子。

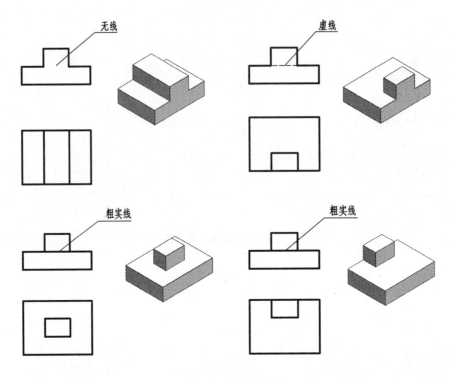

图 4-3　简单结合

（2）相切

平面与曲面或曲面与曲面可以形成相切关系（图 4-4）。相切时，两形体表面光滑过渡，在相切处不存在分解轮廓线。因此，不画出相切处光滑过渡表面的分界线。

（3）相交

两形体表面相交而产生交线，因此，应画出交线（图 4-5）。

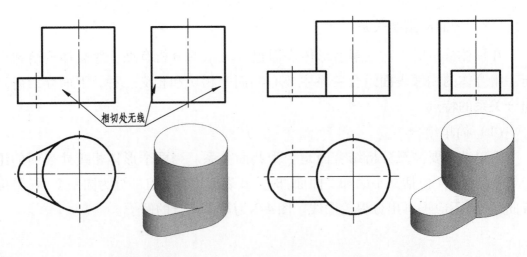

图 4-4　相切　　　　　　　　　　　　　　图 4-5　相交

### 4.1.2　线面分析法

线面分析法是指将组合体看作由若干表面(平面或曲面)及若干线(直线或曲线)围成，并研究其相对位置关系及邻接关系，从而产生对整个组合体形状的完整概念的方法。线面分析法运用各种线(直线或曲线)、面(平面或曲面)的空间性质和投影规律，进行画图和看图分析。

线面分析法多用于辅助形体分析，弄清一些难点和细节。形体分析法主要以几何形体为分析对象，而线面分析法则主要在线、面层次进行分析。

如图 4-6 所示的组合体，由一个正垂面(阴影部分)、五个水平面、五个正平面、两个侧平面等围成。分析组成组合体各面的空间与投影特性，可以对整个组合体形状建立完整概念。

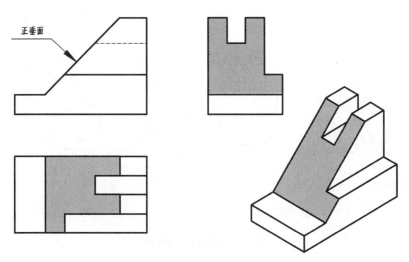

**图 4-6　线面分析法原理**

## §4.2　组合体的绘图方法

### 4.2.1　三面投影和三视图

在绘制工程图样时，用正投影法将实体向投影面投射所得到的图形称为视图。在三投影面体系中，将实体同时向三个投影面投射所得到的图形称为三视图，其中正面投影称为主视图、水平投影称为俯视图、侧面投影为称为左视图。和基本立体投影相同，画三视图时也必须遵守"三等"规律，即主视图、俯视图"长对正"；主视图、左视图"高平齐"；俯视图、左视图"宽相等"。

### 4.2.2　绘制三视图的方法和步骤

以图4-7a所示的组合体为例，说明绘图方法和过程。

（1）形体分析

应用形体分析法，首先把组合体假想分解为若干形体，再分析各相邻表面的组合关系。

把图4-7a所示的组合体假想分解为六个部分（图4-7b），各相连表面的组合关系为：底板前、后侧与直立空心圆柱的圆柱面相切；水平圆柱面与直立空心圆柱面相交；挖去圆柱与直立空心圆柱的内表面相交；肋板的前后两个平面与直立空心圆柱面相交；肋板的斜面与直立空心圆柱面相交；肋板的底面与底板上表面简单结合（不共面）；搭子与直立空心圆柱顶面共面。

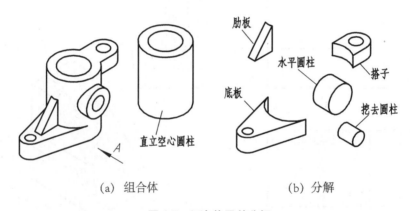

(a)　组合体　　　　　　　　(b)　分解

**图4-7　组合体及其分解**

（2）确定主视图

在三视图中，主视图是最主要的视图，因此画图时应先选择主视图。选择主视图时，通常将形体放正，即使形体的主要平面（或轴线）平行或垂直于投影面。一般选取最能反映形体结构特征的视图作为主视图。如图4-7a所示的组合体，通常将直立空心圆柱的轴线放置成铅垂位置，并把底板、肋板和搭子的对称平面放置成平行于投影面的位置。显然，选取 A 方向（图4-7）作为主视图的投影方向最好。

（3）选比例、定图幅

根据组合体的大小和复杂程度，选用适当的绘图比例及图纸幅面。

（4）布图、画中心线

根据各视图的最大轮廓尺寸，在图纸上合理地布置各视图。为此，先在图纸上画出各视图的基线、对称线以及主要形体的轴线和中心线。如图 4-8 步骤 (1)所示。

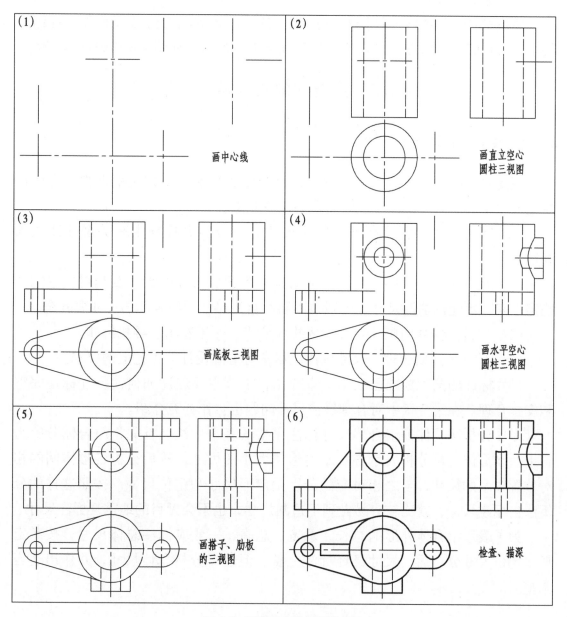

**图4-8　绘制组合体视图的步骤**

（5）画底稿

　　用细线逐一画出各简单几何体的三视图，如图 4-8 步骤(2)～步骤(5)所示。画底稿时应按形体分析法，从主要的形体（如直立空心圆柱）着手，按各基本形体之间的对应关系，逐个画出其他形体的视图。画每一基本形体时，应按投影关系，三个视图同时画。分析形体间的相对位置关系和表面组合关系，结合线面分析法，准确画出各种邻接表面的投影。

（6）检查、描深

要检查各个形体的三视图是否正确，各形体间的相对位置关系和表面组合关系是否正确。最后按照规定的线型和线宽进行加深，如图 4-8 步骤（6）所示。

## §4.3　组合体的尺寸标注方法

### 4.3.1　尺寸标注的要求

视图主要用来表达组合体的形状，组合体的真实大小则是根据视图上所标注的尺寸来确定的。标注尺寸时应做到以下几点：

（1）尺寸标注要符合标准。所注尺寸应符合国家标准中有关尺寸注法的规定。

（2）尺寸标注要完整。所注尺寸必须把各组成形体的大小及相对位置完全确定下来，不允许遗漏尺寸，一般也不要有重复尺寸。组合体的尺寸要齐全。

（3）尺寸安排要清晰。尺寸的安排应恰当，便于看图、寻找尺寸。

（4）尺寸标注要合理。尺寸标注应尽量考虑到设计与工艺上的要求。

尺寸标注的国家标准已在第 1 章介绍，本节主要叙述如何使尺寸标注完整和安排合理。在第 7 章中对合理标注尺寸问题也会作补充介绍。

形体分析法是保证组合体尺寸标注完整的基本方法。首先将组合体分解为若干基本形体，再分析表示各个基本形体大小的尺寸，然后分析各形体间的相对位置关系的尺寸，与之相对应的分别是定形尺寸和定位尺寸。按照这样的分析法去标注尺寸，就比较容易做到不遗漏尺寸，也不会无目的地重复标注尺寸。

为了表示组合体外形的总长、总宽、总高，一般应标注总体尺寸。按照定形、定位尺寸分析后，尺寸已经标注完整，但还需分析总体尺寸，并作出适当调整。

### 4.3.2　定形尺寸

表 4-1、表 4-2 和表 4-3 分别给出了基本平面体、基本回转体和常见形体的尺寸标注。表 4-3 的常见形体还可继续分解为若干基本形体，因此，在每个形体内部也存在定形尺寸、定位尺寸和总体尺寸。

表 4-1　基本平面体的尺寸标注

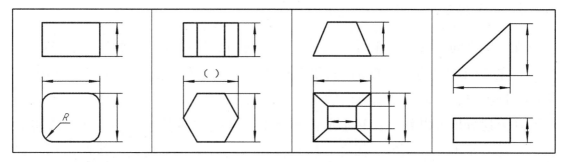

表 4-2　基本回转体的尺寸标注

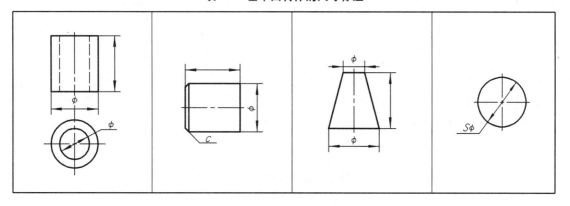

表 4-3　常见形体的尺寸标注

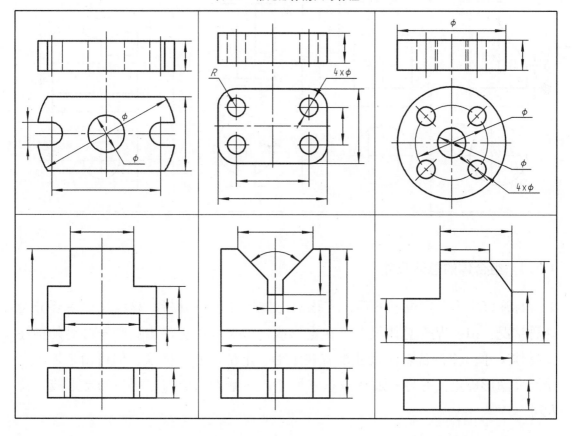

### 4.3.3 定位尺寸

在三维空间，两个形体间应该有三个方向的定位尺寸，分别为上下（高度）定位、左右（长度）定位和前后（宽度）定位。若两形体间在某一方向处于共面、对称、同轴时，可以省略该方向的一个定位尺寸。

从上述分析可以看出，基本形体的定形尺寸的数量是一定的，两形体间定位尺寸的数量也是一定的，因此，组合体尺寸的数量是确定的。按照定形、定位尺寸的步骤正确分析，将定形和定位尺寸合起来，可以达到尺寸的完整性要求。

注意：交线上不应直接标注尺寸。当形体的两邻接表面处于相交位置时，自然会产生交线。因此，在标注完两形体定形尺寸的基础上，再标注两形体之间的定位尺寸。此时，交线形状已完全确定，因此不能在交线上标注尺寸。表4-4为一些常见截断基本体和相贯体的尺寸标注。

表4-4　常见截断基本体和相贯体的尺寸标注

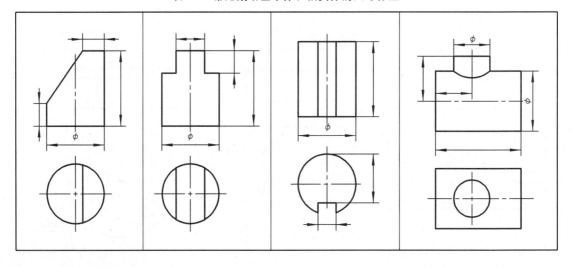

### 4.3.4 组合体的总体尺寸

标注好定形、定位尺寸后，应该对总体尺寸进行分析。总体尺寸主要分为两种情况：（1）某个总体尺寸已在定形或定位尺寸中标注出，则不必另外标注此整体尺寸；（2）若总体尺寸没有在定形、定位尺寸中体现，但可由定形、定位尺寸隐形确定，需另外加注该总体尺寸，并删去一个与之相关的定形或定位尺寸。

当组合体的端部不是平面而是回转体时，该方向一般不直接标注总体尺寸，而是由确定回转面轴线的定位尺寸和回转面的定形尺寸（半径或直径）来间接确定，如图 4-9（1）、（6）中的总长度方向没有直接标注出来。

仍以图 4-7a 组合体为例，在图 4-8 步骤（6）的基础上，图 4-9 给出了分析定形尺寸、定位尺寸的标注步骤以及总体尺寸的调整方法。

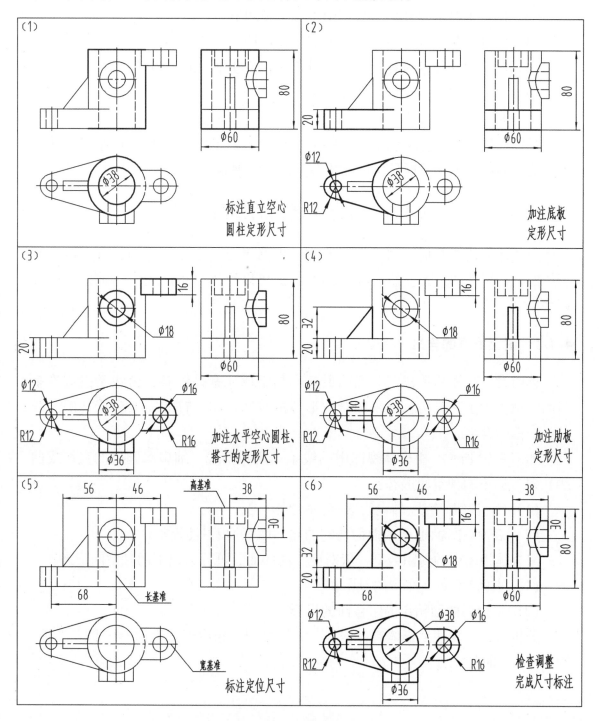

**图 4-9　组合体尺寸标注**

### 4.3.5 尺寸安排要清晰

所谓清晰，就是要求所标注的尺寸排列整齐、清楚，便于看图。安排尺寸时，应考虑以下各要求：

（1）尺寸尽量标注在表示形体特征最明显的视图上。

（2）同一形体的尺寸应尽量集中在一个视图上。

（3）尺寸应尽量标注在视图的外部，以保持图形清晰。

（4）同轴回转体的直径尺寸应尽量标注在反映轴线的视图上。

（5）尺寸应尽量避免标注在虚线上。

（6）尺寸线、尺寸界线与轮廓间应尽量避免彼此相交。

在标注尺寸时，有时会出现不能兼顾以上各点的情况，必须在保证尺寸完整、清晰的前提下，根据具体情况统筹安排、合理布置。

## §4.4 组合体视图的读图方法

组合体的读图是指运用正投影原理，根据组合体已给的视图，分析出空间形体的结构形状的过程。组合体读图的方法仍以形体分析法为主，辅以线面分析法。

### 4.4.1 图上线框的含义

读图时，已知的是视图。视图最基本的组成元素是线条，由线条组成许多封闭线框。为了正确构思出视图对应形体的空间形状，首先需要分析视图上线条、线框的含义。

如图4-10所示，组合体视图中的线条（用粗实线、细虚线画出的直线或曲线）对应以下两种空间形态：

（1）线（棱线、交线、转向素线等）的投影；

（2）表面（平面、曲面或曲面与它的相切面）的积聚性投影。

组合体视图中的封闭线框一般对应空间的面，可分为以下两种空间形态：

（1）表面（平面、曲面）的投影；

（2）平面与曲面相切的组合面的投影。

分析时，还要注意形体有"空""实"之别，相应地，表面有"凹""凸"和"平""曲"之分。

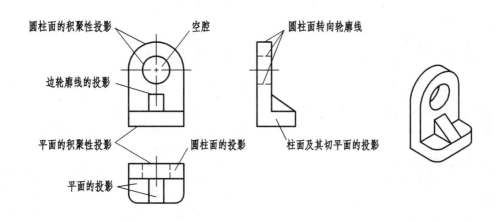

图 4-10　视图上图线的含义

## 4.4.2　形体分析法读图

在组合体读图的过程中，要将投影分析与空间分析紧密地结合起来。下面以图 4-11 的支架为例，说明采用形体分析法识图的具体步骤。

（1）抓主视、分线框。从最能反映组合体几何特征的主视图入手，按封闭线框把组合体大致分成几个部分，如图 4-11 步骤（1）所示。

（2）对投影、识形体。根据"长对正""高平齐""宽相等"的投影关系，逐一找出每一部分的其他投影，进而识别参与组合体集合构形的各简单几何体，再利用投影的三等对应关系，逐一画出各简单几何体的第三视图，如图 4-11 步骤（2）～（6）所示。

（3）合起来、想整体。根据各简单几何体投影在组合体视图中的位置以及邻接边界面交线的投影特点，确定各简单几何体的相对位置及集合构形方式，想象出组合体的三维形状。支架的三视图及正等轴测图如图 4-12 所示。

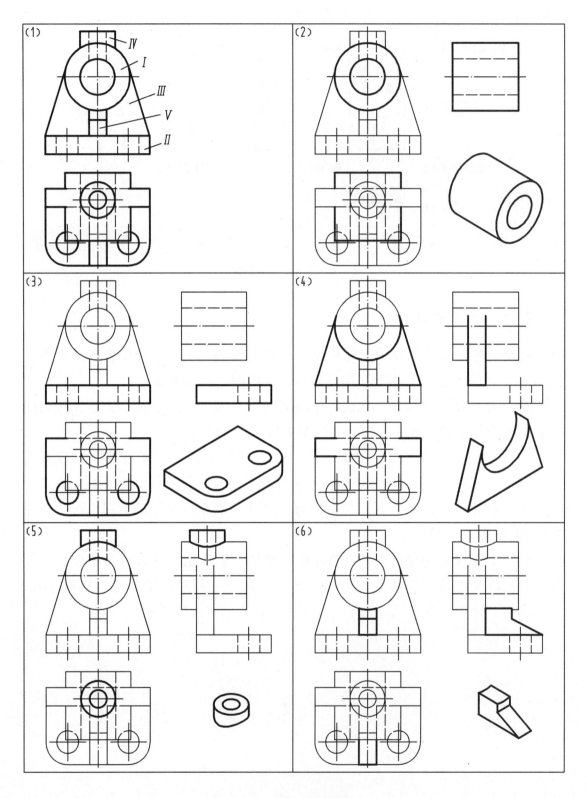

图 4-11 形体分析读图法

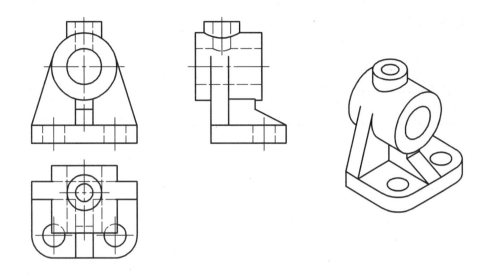

图 4-12　支架的三视图及正等轴测图

### 4.4.3　线面分析法读图

对于某些复杂组合体，尤其是包含切割方式的组合体，还需利用线面分析法辅助分析解决视图阅读中的难点。下面以图 4-13 为例说明在形体分析法基础上进行线面分析的方法。

（1）形体分析法，整体分析

分析图 4-13a 三视图可知：该组合体的组成方式为切割式；根据三个视图的轮廓，可以设定切割前的基本形状为长方体。进一步分析，主视图左上方缺一角，说明长方体左上方被切去一个角。同理，可以由俯视图分析出长方体的左前方被切去一块；由左视图分析出长方体上前方被切去一块。

（2）线面分析法，细节分析

图 4-13b 中加深线框对应平面的分析过程：由俯视图线框 $p$ 分析对应平面。根据投影规律，在主视图上，线框 $p$ 对应的投影 $p'$ 积聚为直线。由此可知，正垂面 $P$ 切去了长方体的左上角。在左视图上，可进一步分析出线框 $p$ 对应的投影 $p''$ 为类似的线框。

图 4-13c 中加深线框对应平面的分析过程：由俯视图线框 $q$ 分析对应平面。根据投影规律，在主视图上，线框 $q$ 对应的投影 $q'$ 积聚为直线。在左视图上，可进一步分析出线框 $q$ 对应的投影 $q''$ 积聚为直线。

同理，可以对图 4-13d 的其他线框进行投影和空间分析。

　　通过以上形体分析和线面分析，可以确定图 4-13a 对应的组合体空间形状，如立体图所示。

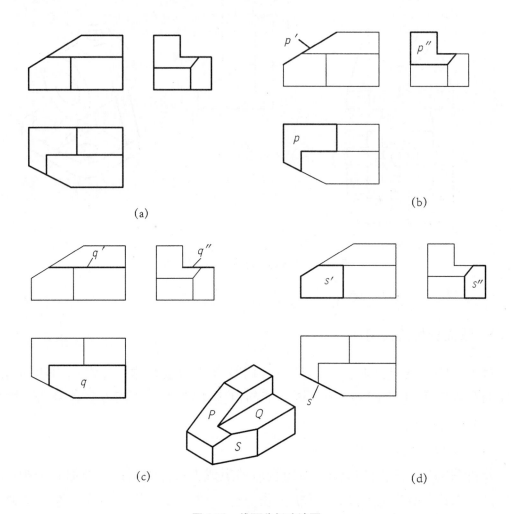

图 4-13　线面分析法读图

# 第5章 图样画法

为了正确、完整、清晰地表达机件的结构形状，国家标准《技术制图》和《机械制图》规定了机件的各种图样画法，本章将介绍标准中部分常用的画法，如视图、剖视图、断面图、局部放大图和简化画法等。在绘制工程图样时，应优先采用第一分角作图；将表示机件信息量最多的那个视图作为主视图；在正确、完整、清晰地表达机件结构形状的前提下，力求制图简单、看图方便；尽量避免使用虚线表达。

## §5.1 视图

视图主要用于表达机件外部的结构和形状。国家标准规定的视图有基本视图、向视图、局部视图和斜视图。

### 5.1.1 基本视图

如图 5-1a 所示，表示一个物体可有六个基本投射方向，相应地有六个基本投影面分别垂直于六个基本投射方向。物体向基本投影面投射所得的视图称为基本视图。基本视图的名称分别为主视图、俯视图、左视图、右视图、仰视图和后视图，其中主视图、俯视图和左视图的投射方向在前面章节已作介绍，即图 5-1 中代号为 $a$、$b$、$c$ 的三个方向。自物体的右方投射（方向代号 $d$），在左侧的基本投影面上得到的视图为右视图；自物体的下方投射（方向代号 $e$），在上部的基本投影面上得到的视图为仰视图；自物体的后方投射（方向代号 $f$），在前面的基本投影面上得到的视图为后视图。为了在同一平面上画出六个基本视图，投影面按图 5-1b 所示展开，与正立投影面成一个平面。

在同一张图纸上，基本视图按图 5-2 所示位置配置，一律不注视图名称。

六个基本视图之间仍要遵循"长对正、宽相等、高平齐"的投影规律，即主、俯、仰、后视图长度相等，俯、左、右、仰视图宽度相等，主、左、右、后视图高度相等，如图 5-3 所示。

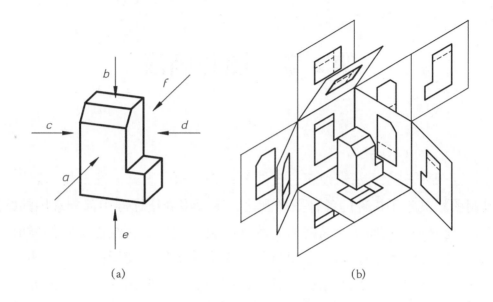

(a)　　　　　　　　　　　　　　　　(b)

**图 5-1　基本视图形成及投影面的展开**

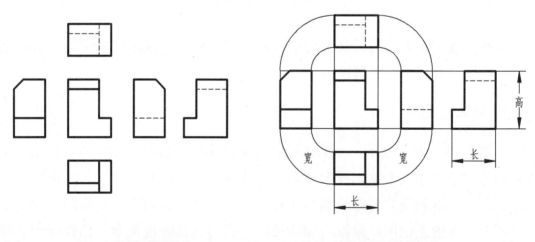

**图 5-2　基本视图的配置**　　　　　　**图 5-3　基本视图的投影规律**

　　针对不同的机件表达时，应根据它们的形状特点及复杂程度，选择六个基本视图中的某几个画图，可优先选择主视图、俯视图、左视图，并且省略不必要的细虚线。

### 5.1.2　向视图

　　有时为了图纸的布局合理，视图可不按图 5-2 配置，自行配置。向视图是可自由配置的视图。为了便于看图，向视图必须标注。标注的方法是：在向视图的上方标注视图名称×，×为大写的拉丁字母，在相应视图的附近用箭头指明投射方向，并标注相同的字母，如图 5-4 所示。

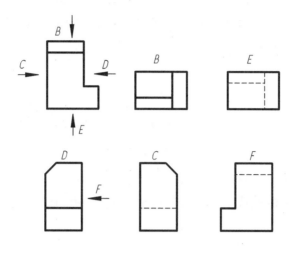

图 5-4   向视图及其标注

### 5.1.3   局部视图

局部视图是将物体的某一部分向基本投影面投射所得的视图。当机件上部分结构未表达清楚，但又要避免其他结构的重复表达，此时可采用局部视图，无需画出完整的视图。如图 5-5 中的 A 局部视图和 B 局部视图。

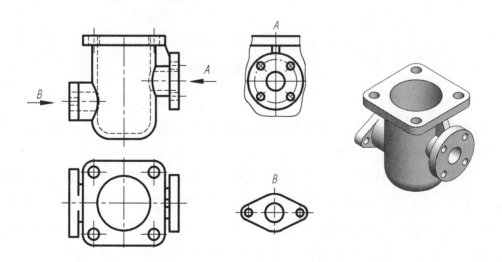

图 5-5   局部视图

画局部视图时，其断裂边界用波浪线或双折线表示，如图 5-5 中的 *A* 局部视图。当所表示的局部结构形状完整且其边界线为封闭轮廓时，则不必画出其断裂边界，如图 5-5 中的 *B* 局部视图。

局部视图按基本视图位置配置，且中间没有其他图形隔开时，可省略标注，如图 5-6 中的俯视方向局部视图；若按向视图形式配置，则需要标注，标注方法和向视图相同，如图 5-5 所示。

### 5.1.4 斜视图

斜视图是物体向不平行于基本投影面的平面投射所得的视图。如图 5-6 中所示机件，向基本投影面投射时，其倾斜结构无法表达实形，因此假设增设一个与倾斜结构平行且垂直于基本投影面的辅助投影面，只将机件中的倾斜结构向辅助投影面投射，所得的视图称为斜视图，如图 5-6 中的 *A* 斜视图。

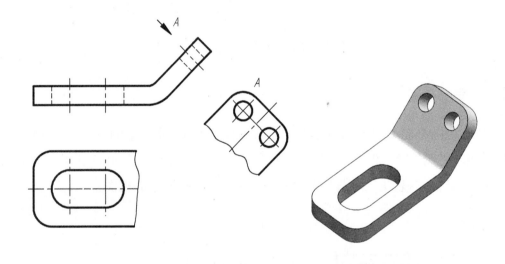

图 5-6 局部视图和斜视图

绘制斜视图时，通常只画出倾斜结构的外形，断去其余部分，断裂边界用波浪线或双折线表示。

斜视图通常按向视图的配置形式配置，而且必须进行标注。标注时画出表明投射方向的箭头及大写的拉丁字母，并在斜视图上方书写相同字母，如图 5-6所示。必要时允许将斜视图旋转配置，如图 5-7 所示。旋转配置时要在斜视图上方标注旋转符号，旋转符号用以字高为半径的半圆弧绘制，其箭头方向与斜视图的实际旋转方向一致。表示该视图名称的大写拉丁字母应靠近旋转符号的箭头端，也允许将旋转角度标注在字母之后。

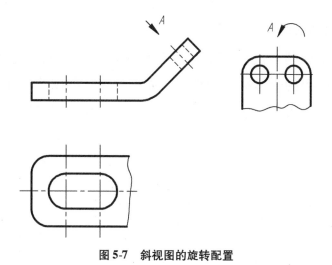

图 5-7　斜视图的旋转配置

## §5.2　剖视图

### 5.2.1　剖视图的概念

剖视图主要用于表达机件内部的结构和形状。当机件内部结构较为复杂时，仅用视图表达，图中必然会出现较多交错重叠的细虚线，对于画图和看图都不方便，同时也不利于尺寸标注。为此，实际作图时通常采用国家标准所规定的剖视方法解决问题。

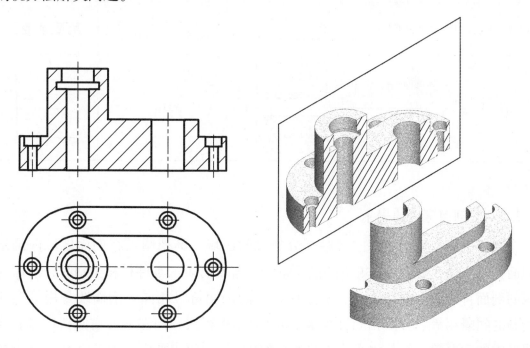

图 5-8　剖视图的形成

### 5.2.1.1 剖视图的形成

假想用剖切平面剖开机件，把观察者和剖切面之间的部分移去，将剩余部分向投影面投射所得的图形称为剖视图，简称剖视。如图 5-8 所示，沿前后对称面将零件剖开，在主视图上，该零件内部三种类型的孔均能看到，因此可用实线画出。

表5-1  剖面符号

| | | | |
|---|---|---|---|
| 金属材料（已有规定剖面符号者除外） | 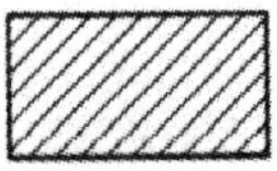 | 木质胶合板（不分层数） |  |
| 线圈绕组元件 | 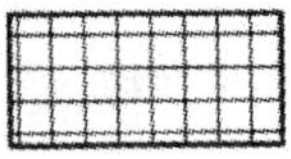 | 基础周围的泥土 | 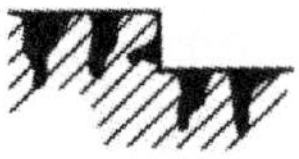 |
| 转子、电枢、变压器和电抗器等的叠钢片 | 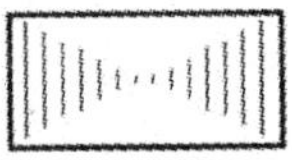 | 混凝土 | 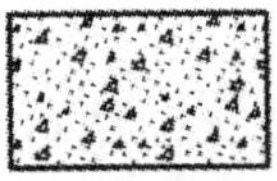 |
| 非金属材料（已有规定剖面符号者除外） | 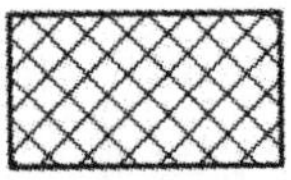 | 钢筋混凝土 | 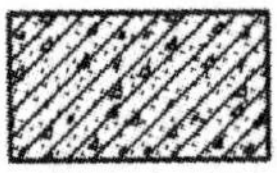 |
| 型砂、填砂、粉末冶金、砂轮、陶瓷刀片、硬质合金刀片等 | 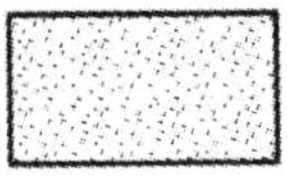 | 砖 | 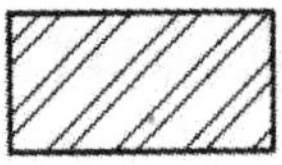 |
| 玻璃及供观察用的其他透明材料 |  | 格网（筛网、过滤网等） | |
| 木材 | 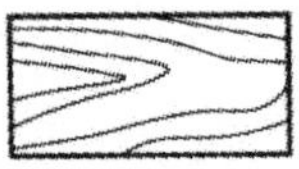 纵剖面 | 液体 | 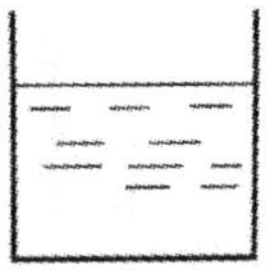 |
| | 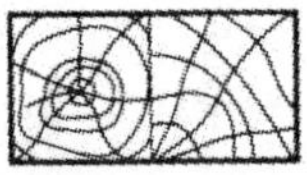 横剖面 | | |

### 5.2.1.2 剖面区域的表示

剖切平面与被剖零件的接触部分称剖面区域，剖视图需在剖面区域内画出剖面符号。表5-1 是国标规定的剖面符号。若不需表示零件材料类别时，剖面区域的剖面符号用剖面线表示，和金属材料的剖面符号相同。剖面线是用细实线绘制的间隔相等、方向相同且与水平成45°的平行线，向左或向右倾斜均可。当图形中的主要轮廓线与水平成45°时，该图形的剖面线画成与水平成30°或60°的平行线。同一零件的剖面线应间隔、方向完全相同。

### 5.2.1.3　剖视图的配置和标注

剖视图通常按基本视图位置配置，必要时也可按向视图位置配置。

剖视图的标注规定如下：一般应在剖视图上方标注剖视图的名称"×－×"（"×"为大写拉丁字母）；在剖切平面积聚为直线的视图上用剖切符号（用粗短画表示）表示剖切平面位置和投射方向（剖切符号两端的箭头），并标注同样的字母，如图 5-9a 所示。剖切符号的尽可能不与视图的轮廓线相交。

以下几种情况可省略标注：剖视图按基本视图位置配置，且中间无图形隔开，可省略表示投射方向的箭头，如图 5-9b 所示；单一剖切平面（投影面平行面）通过零件的对称面或基本对称面，剖视图按基本视图位置配置，且中间无图形隔开时，可省略标注，如图 5-8 所示。

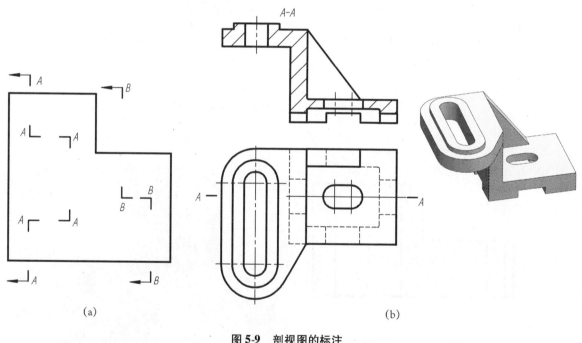

(a)　　　　　　　　　　(b)

**图 5-9　剖视图的标注**

### 5.2.1.4　画剖视图应注意的几种情况

（1）剖视图中的剖切是假想的，零件的其他视图应该完整地画出。

（2）剖切平面应通过零件上孔、槽的轴线或对称面，以避免剖切后产生不完整的结构要素。

（3）剖视图中应画出剖切平面后面的所有可见轮廓线，并非只画剖切面与零件接触部分。图 5-10 是错误与正确的比较。

（4）剖切平面后面的不可见轮廓线，若其结构已在剖视图或其他视图中表达清楚，应省略细虚线；没有表达清楚的结构，允许画少量细虚线，如图 5-11 所示。

（5）对于机件上的肋板、轮辐及薄壁等结构，当平行于板面剖切（纵向剖切）时，这些结构用粗实线画出轮廓与相邻接部分，且不画剖面线（图 5-12 左视图）；当垂直于板面剖切（横向剖切）时，仍要画剖面线（图 5-12 的 $A-A$ 剖视）。

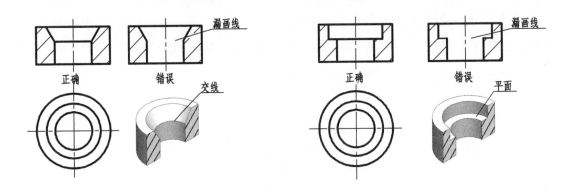

**图 5-10 画出剖切平面后面的所有可见轮廓线**

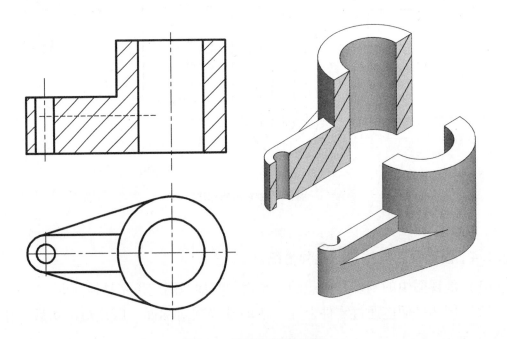

**图 5-11 只画出必要的虚线**

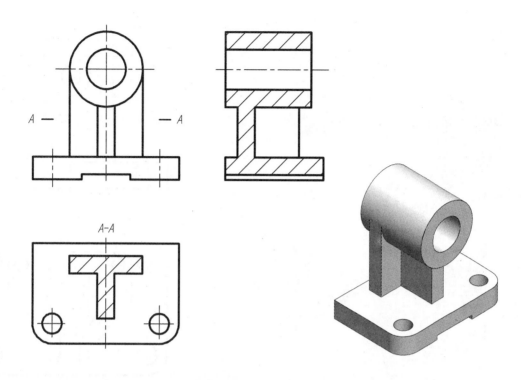

图 5-12　肋板的表示

### 5.2.2　剖视图的种类

剖视图可分为全剖视图、半剖视图和局部剖视图三种。

#### 5.2.2.1　全剖视图

用剖切平面完全地剖开零件，所得的剖视图称为全剖视图，图 5-8、图 5-9b 中的主视图均为全剖视图。当零件的外形较为简单或外形已在其他视图中表达清楚时，常用全剖视图表达零件的空腔结构。

#### 5.2.2.2　半剖视图

当零件对称或基本对称时，在垂直于对称平面的投影面上投射所得到的图形，可以以对称中心线为界，一半画成剖视图，另一半画成视图，这种组合视图称为半剖视图。半剖视图适合于零件的内、外形状都需要表达，且零件结构形状对称或基本对称。

图 5-13 所示零件，其左右、前后均对称。左右对称面垂直于正投影面，主视图以对称中心线为界，右边画剖视图、左边画视图；前后对称面垂直于水平投影面，俯视图以对称中心线为界，前边画剖视图、后边画视图。

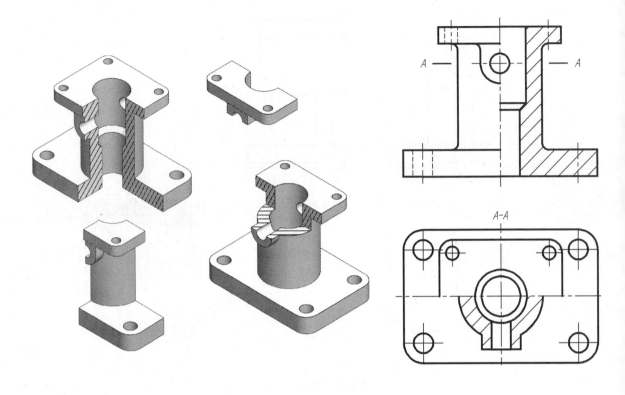

**图 5-13 半剖视图**

画半剖视图时应注意以下几点：

（1）半个剖视图与半个视图的分界线为细点画线，不要画成粗实线。

（2）半剖视图中除了剖视部分不画虚线，视图部分一般也不画虚线。因为形体是对称或基本对称的，看图时可通过一半的形状想象出另一半的形状。图5-13 主视图中的大部分虚线省略，只画出未剖切到的小孔虚线。俯视图上的细虚线都已省略。

（3）半剖视图的标注方法及省略标注的原则与全剖视图完全相同。图5-13 中主视图的半剖视图省略标注；俯视图的 $A-A$ 剖视，因剖切面不在对称面上，所以在剖切位置处画出剖切符号（用粗短画表示），但投影关系明确，省略了箭头。

### 5.2.2.3 局部剖视图

用剖切面局部地剖开零件所得的剖视图称为局部剖视图。局部剖视图适用于不宜采用全剖、半剖视图的零件。在局部剖视图上，剖视部分与视图部分用波浪线或双折线分界。

　　如图 5-14 所示，零件内部大的空腔以及小孔、空槽等都需要用剖视表示；外部的凸台需要用视图表示，零件又不对称，不适合采用全剖或半剖表示，因此主视图和俯视图均画成局部剖视图。主视图上的局部剖视有两处，它们的剖切平面位置不同。

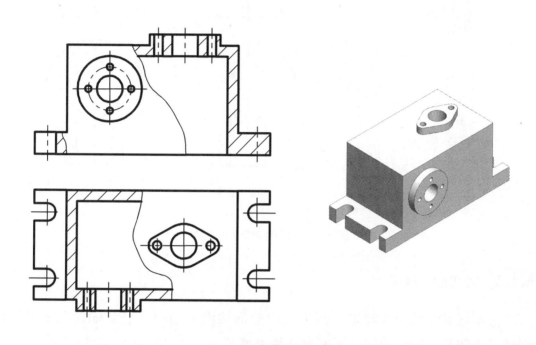

**图 5-14　局部剖视图**

画局部剖视图时应注意以下几点：

（1）一个视图上采用局部剖视的部位不宜过多，以免图形显得零碎。

（2）波浪线是零件假想断裂面的投影，无断裂轮廓处不能画波浪线，即波浪线不能超出零件的边界轮廓线，也不能穿过通孔或通槽，如图 5-15 所示。同时波浪线不能与视图中的其他图线重合，也不要画在其他图线的延长线上。

（3）当视图按投影关系配置，剖切位置明确时，局部剖视图不作标注。

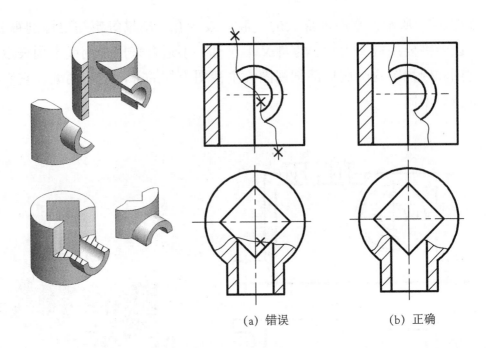

(a) 错误　　　　　　　　　(b) 正确

图 5-15　局部剖视图中的波浪线

### 5.2.3　剖切面的种类

根据国家标准相关规定，剖视图中的剖切面分为单一剖切面、几个平行的剖切平面和几个相交的剖切平面等几种类型。

#### 5.2.3.1　单一剖切面

单一剖切面包括单一平行剖切平面、单一斜剖切平面和单一剖切柱面。

（1）单一平行剖切平面

图 5-8 中的剖视图是由与正立投影面平行的单一剖切平面剖切得到的全剖视图。图 5-13 中的半剖视图、图 5-14 中的局部剖视图都是采用与基本投影面平行的单一剖切平面剖切得到的。

（2）单一斜剖切平面

当零件上倾斜的内部结构需要表达时，可用通过该结构中心的剖切平面进行剖切，并向与剖切平面平行的辅助投影面投射，得到倾斜的内部结构实形。这种用不平行于任何基本投影面的剖切平面剖开零件的方法俗称"斜剖"，如图 5-16 中的 $A-A$ 剖视。斜剖视图通常按向视图的配置形式配置，而且必须进行标注，标注时字母需水平书写。必要时允许将斜剖视图旋转配置，旋转配置时要在斜剖视图上方加注旋转符号。

用单一斜剖切平面剖切的方法在全剖、半剖和局部剖视图中均可使用。

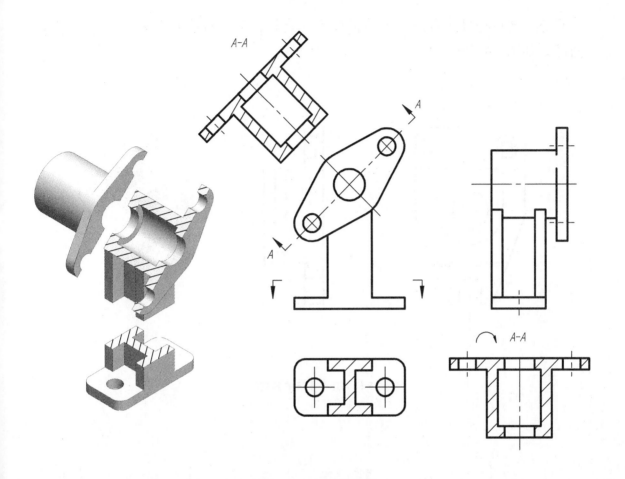

图 5-16　单一斜剖切平面

## 5.2.3.2　几个平行的剖切平面

当零件有若干空腔结构且分布在几个平行的平面内，不能用单一的剖切平面同时剖开时，可采用几个平行的剖切平面将零件空腔结构同时剖开，用这种剖切方法获得的剖视图俗称"阶梯剖"，如图 5-17 所示。

用几个平行的剖切平面剖切的方法在全剖、半剖和局部剖视图中均可使用。

画阶梯剖应注意以下几点：

（1）剖切平面转折处不应与视图中的可见或不可见轮廓线重合；剖切平面转折处的分界线不应画出，如图 5-18a 所示。

（2）图形中不应出现不完整要素，如图 5-18b 所示。仅当两个要素在图形上具有公共对称线或轴线时，可以以公共对称线或轴线为界，各画一半，如图 5-19 所示。

（3）用几个平行的剖切平面剖切时，必须要标注，各剖切平面相互连接但不重叠，转折符号成直角。当转折处位置有限，又不致引起误解时，字母允许省略，如图 5-17 所示。

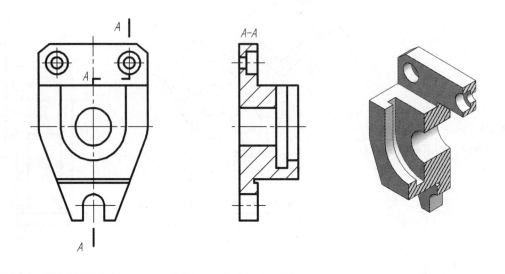

**图 5-17　几个平行的剖切平面**

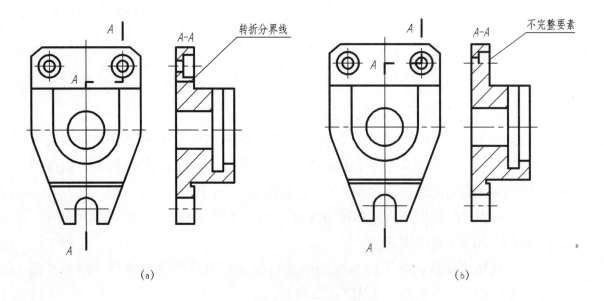

(a)                                                          (b)

**图 5-18　阶梯剖中错误的画法**

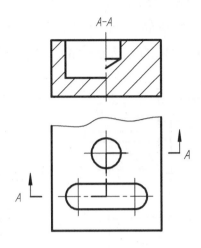

**图 5-19　要素具有公共对称线或轴线时的剖切**

### 5.2.3.3　几个相交的剖切平面（交线垂直于某一投影面）

（1）两个相交的剖切平面

图 5-20 所示为一圆盘零件，该零件上的孔具有公共回转中心，它们无法被单一剖切平面同时剖切到。此时先假想用两个相交平面按选定位置剖开零件，再将倾斜剖切平面剖开的结构及其有关部分，绕两相交剖切平面的交线旋转到与选定的基本投影面平行的位置，然后进行投射。用这种剖切方法获得的剖视图俗称"旋转剖"。除轮盘类零件外，旋转剖在其他零件上也有应用，如图 5-21 所示。该零件右侧的臂在剖切后产生不完整要素，因此该部分按不剖绘制。

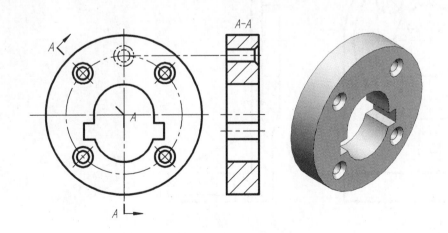

**图 5-20　两个相交的剖切平面（一）**

用两个相交的剖切平面剖切时，必须要标注。标注中的箭头所指方向为投射方向，不一定是倾斜部分的旋转方向。若转折处位置有限，可省略字母。

用两个相交的剖切平面剖切的方法在全剖、半剖和局部剖视图中均可使用。

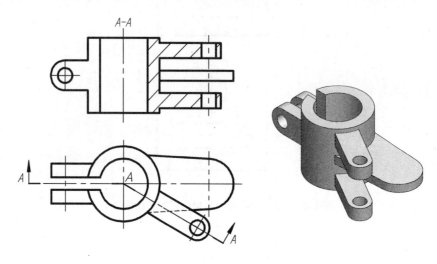

图 5-21　两个相交的剖切平面（二）

（2）组合的剖切平面

对于内部结构更为复杂的零件，若要在同一剖视图中表达内部结构，可采用组合的剖切平面进行剖切，也称"复合剖"，如图 5-22 所示。此种剖切方法必须要标注。

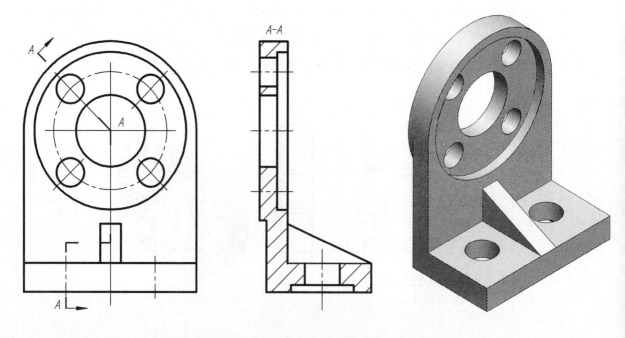

图 5-22　组合的剖切平面

# §5.3　断面图

### 5.3.1　断面图的概念

假想用剖切面将机件的某处切断，仅画出该剖切面与机件接触部分的图形，称为断面图，简称断面。断面图一般用于表达肋板、轮辐、型材等截断面形状，也常用于表达轴套类零件上孔、槽的形状。

断面图与剖视图的区别是，断面图仅画出零件被切到部位的轮廓线，如图 5-23 中的 $A-A$ 断面；剖视图要画出剖切面后面全部可见的轮廓线，如图 5-23 中的左视图。断面图中的剖面符号和剖视图相同。

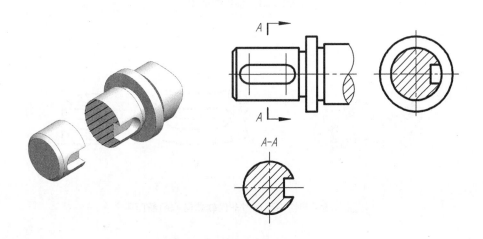

图 5-23　断面图与剖视图的区别

### 5.3.2　断面图的分类

根据断面图配置位置的不同，断面图分为移出断面图和重合断面图两种。

（1）移出断面图

移出断面图画在视图外，其轮廓线用粗实线绘制，如图 5-24 所示。画移出断面图时，当剖切平面通过回转面形成的孔或凹坑的轴线时，这些结构应按剖视绘制，如图 5-24 中最左的断面图；当剖切平面通过非回转体结构，断面呈现完全分离的两部分时，这些结构也应按剖视图绘制，如图 5-25 所示。当几个相交的剖切平面剖切机件时，其移出断面图中间应断开，如图 5-26 所示。

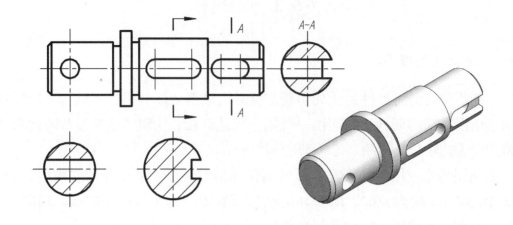

图 5-24　移出断面图

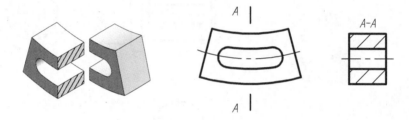

图 5-25　剖切平面通过非回转体结构的断面图

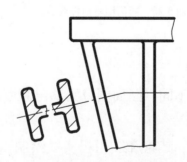

图 5-26　相交的剖切平面剖切时的断面图

移出断面的标注方法如下：用剖切符号表示剖切位置，用箭头表示投射方向，并注上字母，在断面图的上方用同样的字母标出相应的名称"×-×"，如图 5-23 中的 $A-A$ 断面图。如有必要，移出断面可以旋转，标注时需加上旋转符号。

　　下述几种情况下可省略标注：配置在剖切符号延长线上的不对称移出断面图，不必标注断面图的名称"×-×"，如图 5-24 中键槽的断面图。不配置在剖切符号延长线上的对称移出断面，以及按投影关系配置的不对称移出断面，均可省略箭头，如图 5-24 中 $A-A$ 断面。配置在剖切符号延长线上的对称移出断面图，不必标注，如图 5-24 中最左的断面图。

　　（2）重合断面图

　　画在视图内剖切处的断面图称为重合断面图。重合断面图的轮廓线用细实线绘制，如图 5-27 所示。当视图中的图线与重合断面图的图线重叠时，视图中的图线仍应连续画出，不可中断。

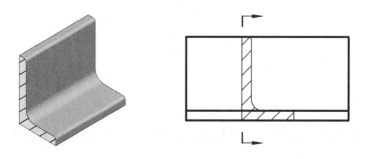

图 5-27　重合断面图

　　由于重合断面图配置在剖切平面所在位置，因此标注时一律省略字母，只标注剖切符号和表示投射方向的箭头，如图 5-27 所示。对称的重合断面图不必标注。

## §5.4　局部放大图及简化画法简介

### 5.4.1　局部放大图

　　将机件的部分结构用大于原视图所采用的比例画出的图形称为局部放大图。局部放大图用于零件上细小结构的图形表达及尺寸标注。局部放大图可画成视图、剖视图或断面图，它与被放大部分的表示方法无关。局部放大图应尽量配置在被放大部位的附近。

　　画局部放大图时，应在原图形上用细实线圈出被放大的部位，并在相应的局部放大图上方注出采用的比例。当同一零件上有两处及两处以上被放大部位时，要用罗马数字依次标明被放大的部位，并在局部放大图上方注出相应的罗马数字和采用的比例，如图 5-28 所示。

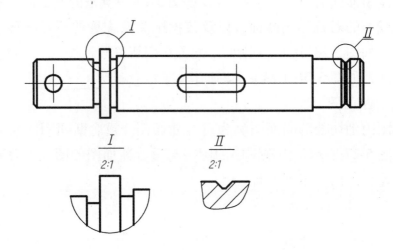

图 5-28　局部放大图

### 5.4.2　简化画法

在不致引起误解的前提下，为了制图简便，可采用国家标准规定的简化画法绘制零件图。

（1）重复结构要素的简化画法

零件中成规律分布的重复结构，允许只画出一个或几个完整的结构，并反映其分布情况和标注重复结构的总数。对称的重复结构用细点画线表示各对称结构要素的位置，如图 5-29a 所示；不对称的重复结构则用相连的细实线代替，如图 5-29b 所示。

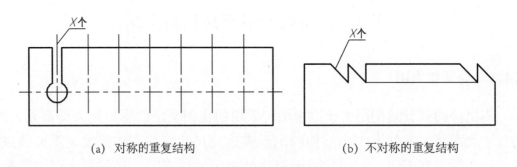

(a)　对称的重复结构　　　　　　　　　(b)　不对称的重复结构

图 5-29　重复结构要素的画法

（2）均布肋板、孔的简化画法

当回转体上均匀分布的肋板、孔、轮辐等结构不处于剖切平面上时，可将这些结构绕回转体轴线旋转到剖切平面上按对称画出，且无需标注，相同的另一侧的孔可仅画出轴线，如图 5-30 所示。

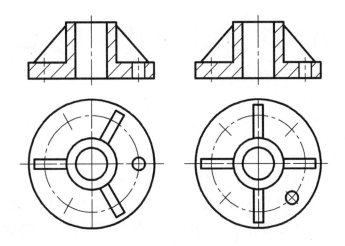

图 5-30  均布肋板、孔的画法

（3）较长杆件的简化画法

较长的零件，如轴、杆、型材等，沿长度方向的形状一致或按一定规律变化时，可断开后缩短绘制。折断处的边界线用波浪线、双折线或细双点画线等表示。杆件尺寸按真实长度标注，如图 5-31 所示。

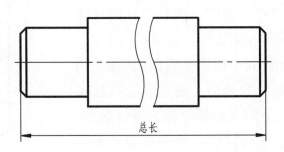

图 5-31  较长杆件的画法

# 第6章 图样的特殊表示法

机器或部件在装配过程中，零部件之间的连接需要大量的螺纹连接件、键、销等标准件，国家标准对这些标准件的结构要素、尺寸数据、代号或标记以及图示表达都作了规定。除了标准件之外，还有一些零件也被广泛使用，如齿轮、弹簧等，它们被称为常用件，其结构和尺寸部分地实现了标准化。国家标准对标准件和常用件的标准结构，在图样的表示中规定了特殊表示法，即采用比真实投影简单的图示方法。用特殊表示法表达螺纹紧固件、键、销、齿轮等标准件和常用件，可大大减少绘图工作量。

## §6.1 螺纹

螺纹是零件上最常见的结构之一。当一动点 $M$ 在圆柱表面上绕其轴线作等速回转运动，同时沿圆柱母线作等速直线运动时，该动点在圆柱表面上的运动轨迹称为圆柱螺旋线，如图6-1所示。

若一个与圆柱轴线同平面的平面图形(如三角形、梯形)，沿圆柱螺旋线运动，便形成了圆柱螺纹。同样在圆锥表面上形成的螺纹称为圆锥螺纹。螺纹有内、外之分，在圆柱或圆锥外表面上的螺纹称为外螺纹，在圆柱或圆锥孔表面上的螺纹称为内螺纹。内、外螺纹旋合构成螺纹副，可以起到连接或传动的作用。

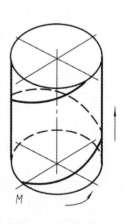

**图6-1 圆柱螺旋线**

### 6.1.1 螺纹五要素

内、外螺纹旋合时，它们的牙型、直径、螺距(或导程)、线数和旋向必须一致。

（1）牙型

在通过螺纹轴线的断面上，螺纹的轮廓形状称为牙型。牙型有标准和非标准之分。标准牙型有三角形、梯形、锯齿形等，非标准牙型有方型等。不同牙型的螺纹有不同的用途。常见的螺纹类型见表 6-1。

表 6-1　常用螺纹种类

| 螺纹类别 | 牙型图 | 特征代号 | 特点及应用 |
|---|---|---|---|
| 普通螺纹 | 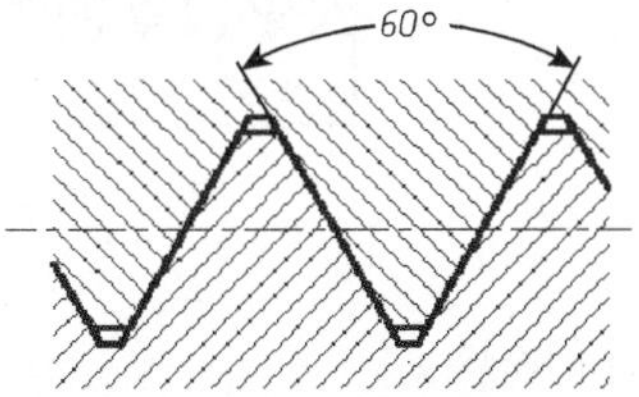 60° | $M$ | 常用的连接螺纹。牙型为三角形，牙型角为 60°，有粗牙和细牙之分，细牙螺纹的螺距和牙型高度较相同大径的粗牙螺纹小 |
| 非密封管螺纹 | 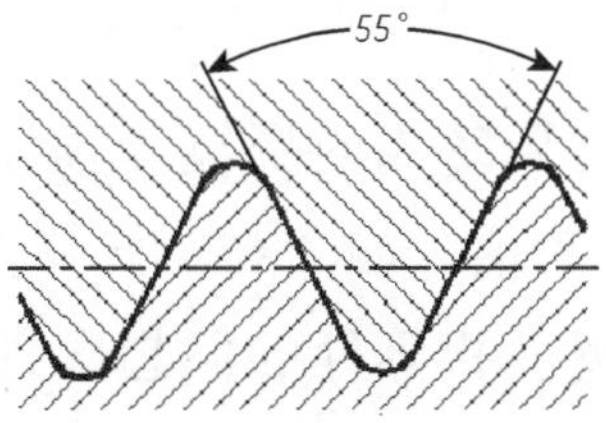 55° | $G$ | 管螺纹之一。牙型为三角形，牙型角为 55°，内、外螺纹均为圆柱螺纹，旋合后无密封能力 |
| 梯形螺纹 | 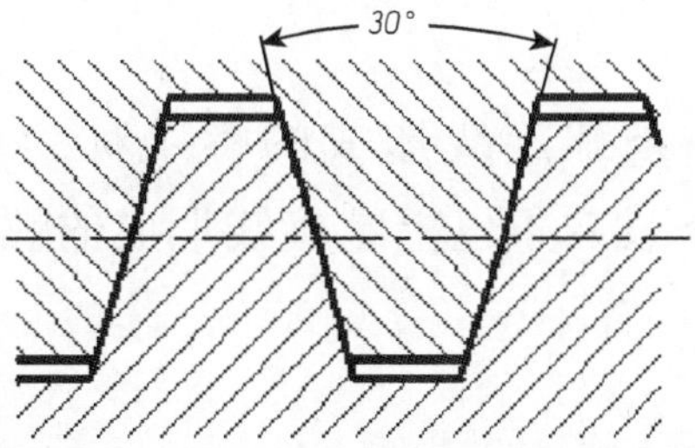 30° | $Tr$ | 常用的传动螺纹。牙型为等腰梯形，牙型角为 30° |
| 锯齿形螺纹 | 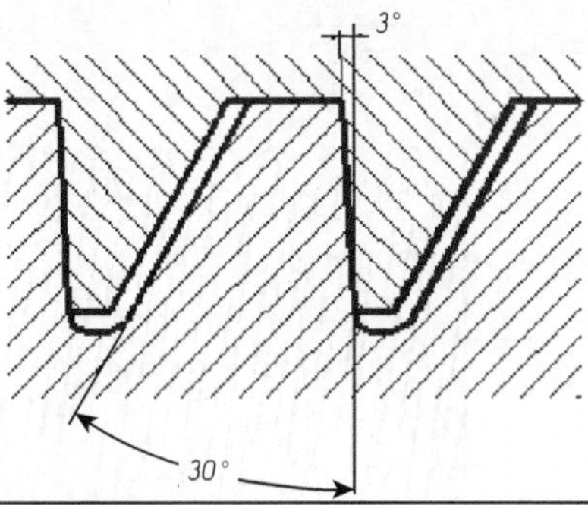 3°　30° | $B$ | 牙型为不等腰梯形，工作面的牙型斜角为 3°，非工作面的牙型斜角为 30°。是单向受力的传动螺纹 |

（2）直径

螺纹的直径包括大径、小径和中径。大径为螺纹的最大直径，普通螺纹和梯形螺纹的大径又称公称直径，是与外螺纹牙顶或内螺纹牙底相重合的假想圆柱面的直径，用 $d$（外螺纹）或 $D$（内螺纹）表示，如图 6-2 所示。

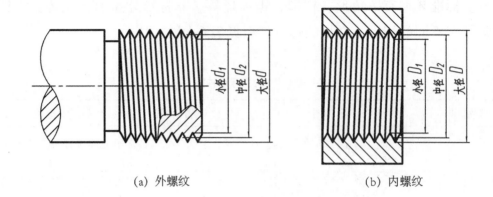

(a) 外螺纹　　　　　　　(b) 内螺纹

**图 6-2　螺纹的直径**

小径为螺纹的最小直径，即与外螺纹牙底或内螺纹牙顶相重合的假想圆柱面的直径，用 $d_1$（外螺纹）或 $D_1$（内螺纹）表示，如图 6-2 所示。

中径为母线通过牙型上沟槽和凸起宽度相等处的假想圆柱面的直径，用 $d_2$（外螺纹）或 $D_2$（内螺纹）表示，如图 6-2 所示。

（3）线数

螺纹有单线和多线之分。沿一条螺旋线形成的螺纹称为单线螺纹，如图 6-3a 所示；沿轴向等距分布的两条或两条以上螺旋线形成的螺纹称为多线螺纹，如图 6-3b 所示。

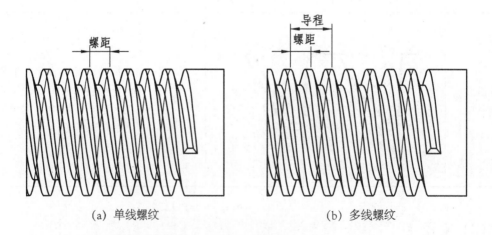

(a) 单线螺纹　　　　　　　(b) 多线螺纹

**图 6-3　螺纹的线数与导程**

（4）螺距和导程

相邻两牙对应两点的轴向距离称为螺距，如图 6-3a 所示；同一螺旋线上相邻两牙对应两点的轴向距离称为导程，如图 6-3b 所示。多线螺纹的导程等于线数乘螺距。

（5）旋向

螺纹分右旋和左旋。顺时针旋转时旋入的螺纹称为右旋螺纹；逆时针旋转时旋入的螺纹称为左旋螺纹。若将螺纹的轴线竖直放置，螺纹可见部分自左向右上升则为右旋螺纹。图 6-3 是右旋螺纹。

国家标准对螺纹的牙型、直径和螺距进行了规定。凡牙型、直径和螺距符合标准的螺纹称为标准螺纹；牙型符合标准，直径或螺距不符合标准的称为特殊螺纹；牙型不符合标准的称为非标准螺纹。

### 6.1.2　螺纹的画法

（1）外螺纹的画法

如图 6-4a 所示，螺纹牙顶圆（大径）的投影用粗实线表示；螺纹牙底圆（小径）的投影用细实线表示。如果螺杆有倒角或倒圆，在投影不为圆的视图上，其对应的倒角或倒圆部分也应画出，并且螺纹小径应画入倒角内。有效螺纹的终止线（简称螺纹终止线）用粗实线表示。当用剖视图或断面图表达外螺纹时，剖面线要画到粗实线为止，如图 6-4b 所示。

在垂直于螺纹轴线的投影面的视图中，表示牙底圆的细实线圆只画约 3/4 圈（空出约 1/4 圈的位置不作规定），螺杆的倒角圆不应画出，如图 6-4 所示。

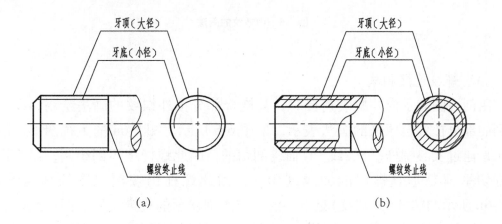

牙顶（大径）
牙底（小径）
螺纹终止线
（a）

牙顶（大径）
牙底（小径）
螺纹终止线
（b）

**图 6-4　外螺纹的画法**

（2）内螺纹的画法

内螺纹（螺孔）一般用剖视来表示，如图6-5所示。在剖视图中螺纹牙顶圆（小径）的投影用粗实线表示；螺纹牙底圆（大径）的投影用细实线表示，而且不画入倒角内；剖面线要画到粗实线为止。若用视图表示，内螺纹所有结构均不可见，都用细虚线表示。

如图6-5b所示，在表达盲孔的剖视图中，由于加工内螺纹孔时，一般先用钻头钻出光孔，再用丝锥攻丝得到螺纹，因此钻孔深度大于螺纹孔深度。钻头的锥顶角约等于120°。对应螺纹深度的底端形成螺纹终止线用粗实线画出。同时用粗实线画出光孔部分及孔底部120°的锥顶角。

在垂直于螺纹轴线的投影面的视图中，牙顶圆用粗实线表示，牙底圆的细实线只画约3/4圈，倒角圆不应画出。

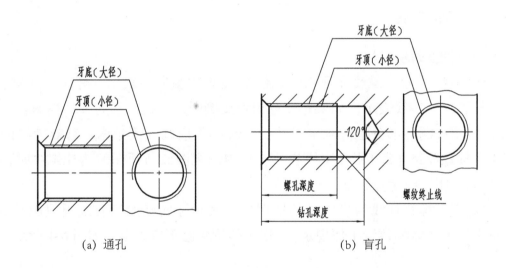

（a）通孔 　　　　　　　　　　　　　　（b）盲孔

**图6-5　内螺纹的画法**

（3）螺纹连接画法

用剖视图表示内外螺纹连接时，其旋合部分按外螺纹的画法绘制，没有旋合到的部分按各自原来的画法表示，如图6-6所示。图6-6a的主视图中，剖切平面是通过实心螺杆（外螺纹）的轴线剖切的，因此螺杆按不剖绘制；而左视图中剖切平面是垂直螺杆的轴线剖切的，因此螺杆仍按剖视图的规定绘制。图6-6b所示的螺杆（外螺纹）是空心的，应按剖视图的规定绘制。图中螺杆和螺孔为不同的零件，它们的剖面线方向要相反，且剖面线都应画到粗实线。画内、外螺纹连接时，内、外螺纹的大、小径一定要对齐，与倒角大小无关。

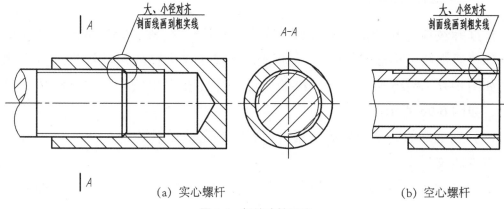

(a) 实心螺杆　　　　　　　　　　　(b) 空心螺杆

**图 6-6　螺纹连接画法**

（4）螺纹画法的补充说明

粗牙普通螺纹按规定画法表示时，小径尺寸可近似取大径尺寸的 0.85 倍。当需要表示非标准螺纹的牙型时，可采用局部剖视图或局部放大图表示，如图 6-7 所示。内螺孔相交时，只画螺纹小径的相贯线，如图 6-8 所示。

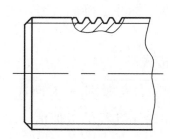

**图 6-7　螺纹牙型的表示**

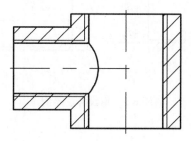

**图 6-8　螺纹孔相贯线的画法**

### 6.1.3 螺纹的标注方法

标准螺纹应注出相应标准所规定的螺纹标记。公称直径以 mm 为单位的螺纹，如普通螺纹、梯形螺纹等，其标记应直接注在大径的尺寸线上或其引出线上，如图 6-9a、6-9b 所示；管螺纹的标记一律注在引出线上，引出线由大径处引出，如图 6-9c 所示。

（1）普通螺纹、梯形螺纹、锯齿形螺纹的完整标记格式

单线螺纹：

$$\boxed{特征代号}\ \boxed{公称直径}\times\boxed{螺距}-\boxed{公差带代号}-\boxed{旋合长度代号}-\boxed{旋向代号}$$

多线螺纹：

$$\boxed{特征代号}\ \boxed{公称直径}\times\boxed{导程(P\ 螺距)}-\boxed{公差带代号}-\boxed{旋合长度代号}-$$
$$\boxed{旋向代号}$$

上述标记中：粗牙普通螺纹不注螺距；公差带代号由公差等级数字和基本偏差字母组成，用于表示螺纹的制造精度，为螺纹中径和顶径的公差带，如果中径和顶径的公差带相同，只需注一个；旋合长度代号中 S 表示短旋合长度，L 表示长旋合长度，中旋合长度不标注；旋向代号中左旋螺纹用 LH 表示，右旋螺纹不标注旋向代号。

（2）管螺纹的完整标记格式

$$\boxed{特征代号}\ \boxed{尺寸代号}\ \boxed{中径公差级别}-\boxed{旋向代号}$$

标记格式中的尺寸代号是管子孔径的近似值，单位为英寸。

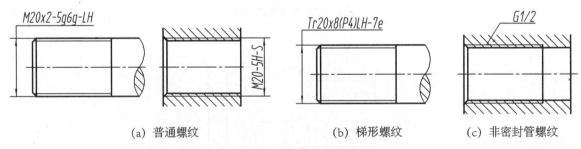

(a) 普通螺纹      (b) 梯形螺纹      (c) 非密封管螺纹

**图 6-9　螺纹标注示例**

## §6.2 螺纹紧固件

螺栓、螺柱、螺钉、螺母和垫圈等专门用作连接的零件统称为螺纹紧固件。常用的螺纹紧固件均为国标规定的标准件，它们的结构形式、尺寸大小和表面

质量均有标准规定。

## 6.2.1　螺纹紧固件的基本种类

标准螺纹紧固件用标记描述其规格尺寸，表 6-2 为一些常用螺纹紧固件及其简化标记示例。

**表 6-2　常用螺纹紧固件及其标记示例**

| 名称及规定标记示例 | 图示及规格尺寸标注示例 |
| --- | --- |
| 名称：六角头螺栓 <br><br>规定标记：螺栓 GB/T 5782 M8×40 | M8<br>40 |
| 名称：双头螺柱 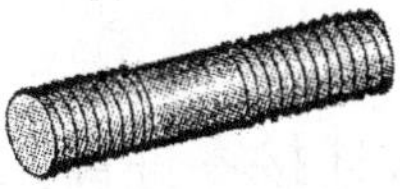<br><br>规定标记：螺柱 GB/T 898 M10×30 | M10<br>30 |
| 名称：开槽圆柱头螺钉 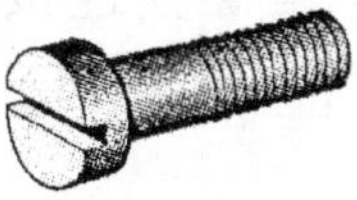<br><br>规定标记：螺钉 GB/T 65 M8×25 | M8<br>25 |
| 名称：开槽锥端紧定螺钉 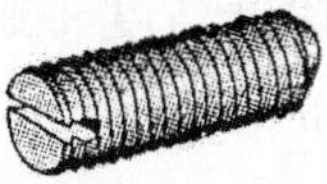<br><br>规定标记：螺钉 GB/T 71 M10×20 | M10<br>20 |
| 名称：I 型六角螺母 <br><br>规定标记：螺母 GB/T 6170 M10 | M10 |
| 名称：平垫圈 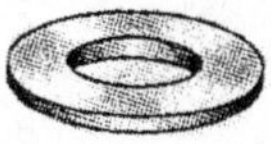<br><br>规定标记：垫圈 GB/T 97.18 | $\phi 84$ |
| 名称：弹簧垫圈 <br><br>规定标记：垫圈 GB/T 93 8 | $\phi 81$ |

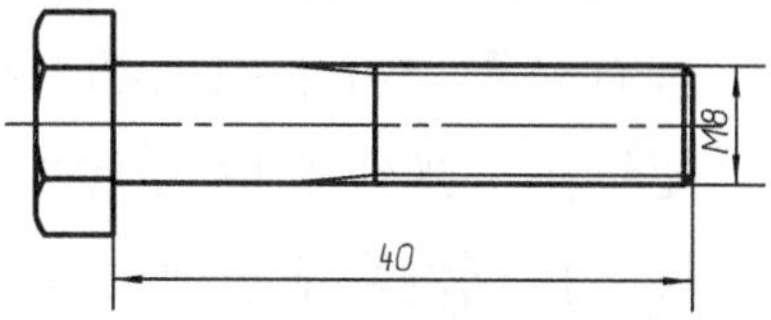

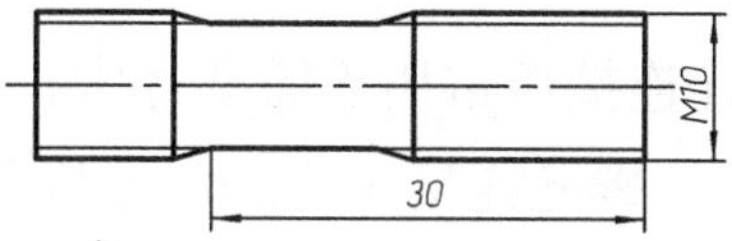

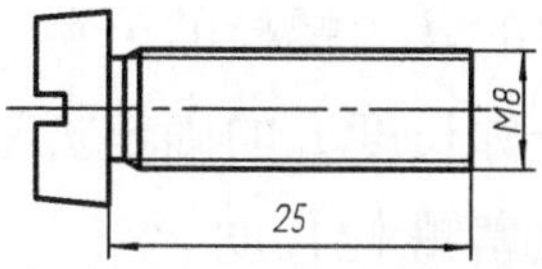

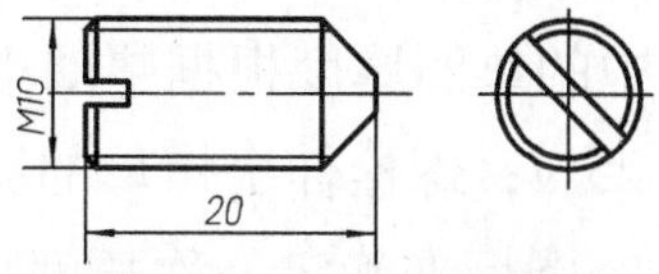

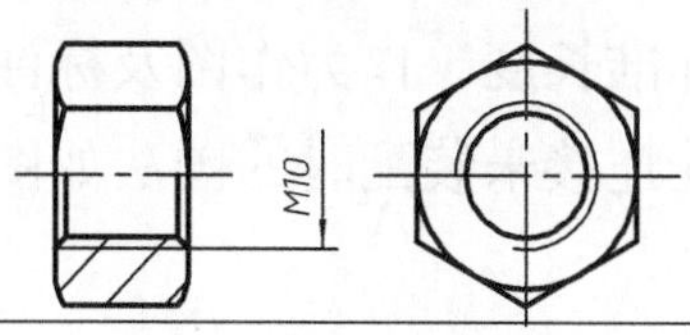

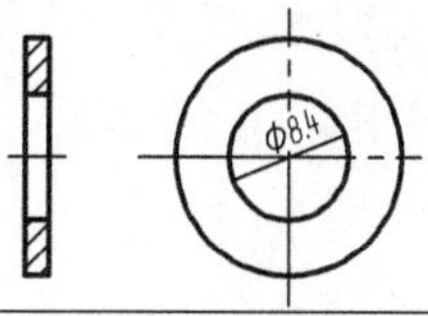

### 6.2.2　螺纹紧固件连接画法

螺纹紧固件连接的主要形式有：螺栓连接、双头螺柱连接和螺钉连接。无论采用哪种连接形式，都应遵守下列装配图画法的基本规定：

（1）两零件接触表面画一条线，非接触表面画两条线。

（2）相邻零件的剖面线方向应相反，或方向一致、间隔不等。

（3）对于紧固件和实心零件（如螺栓、螺钉、螺母、垫圈、键、销、球和轴等），若剖切平面通过它们的基本轴线时，这些零件均按不剖绘制，即画它们的外形。若有必要，可采用局部剖视。

为方便绘图，螺纹紧固件常采用简化画法绘制，简化圆弧等的投影；并且紧固件的尺寸按比例数值绘制，不用一一查表，因此也称比例画法。

#### 6.2.2.1　螺栓连接

螺栓连接通常用于需要经常拆卸的场合，且被连接零件都能加工成通孔（没有螺纹）。螺栓连接中用到的紧固件一般有螺栓、螺母和垫圈。螺栓穿过被连接零件的通孔，并套上垫圈，拧紧螺母。图 6-10 是螺栓连接前、后的视图表达，比例数值中的 $d$ 为螺栓的公称直径。

螺栓公称长度 $L$ 的确定方法如下：

（1）初算螺栓长度。

$L_{计算}$ = 被连接零件的总厚度 + 垫圈厚度 + 螺母高度 + 螺栓伸出螺母的高度

上式中的垫圈厚度根据垫圈类型不同取不同的值，如平垫圈取 $0.2d$，弹簧垫圈取 $0.25d$；螺栓伸出螺母的高度可取 $0.3d$。

（2）查阅标准确定公称长度。根据上式中的 $L_{计算}$，在相关标准中选取与其接近的标准长度，作为作图及标注所需的螺栓公称长度 $L$。

螺栓连接未装配时的画法如图 6-10a 所示，装配后的画法如图 6-10b 所示。

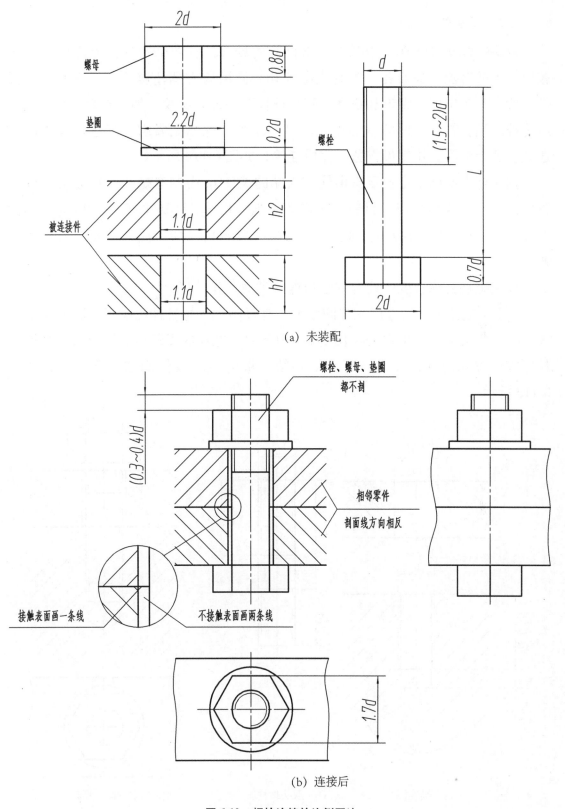

（a）未装配

（b）连接后

**图 6-10　螺栓连接的比例画法**

### 6.2.2.2　双头螺柱连接

双头螺柱连接通常用于需要经常拆卸的场合，且两个被连接零件中有一个较厚，不适合加工成通孔，需制成螺纹孔。使用双头螺柱连接时，需要的紧固件一般有双头螺柱、螺母和垫圈。双头螺柱两端都有螺纹，如图 6-11b 所示，一端为拧入端，拧进较厚零件的螺孔，另一端为拧螺母锁紧端，穿过较薄零件的通孔，套上垫圈后用螺母拧紧，完成连接，如图 6-11c 所示。

国家标准明确规定：双头螺柱拧入端的长度 $b_m$ 由制有螺孔的被连接零件的材料决定，分四种情况：材料为钢和青铜时，$b_m = d$（GB/T 897）；材料为铸铁时，$b_m = 1.25d$（GB/T898）或 $b_m = 1.5d$（GB/T 899）；材料为铝时，$b_m = 2d$（GB/T 900）。

双头螺柱公称长度的确定方法与螺栓类似，先计算：

$L_{计算}$ = 通孔零件的厚度 + 垫圈厚度 + 螺母高度 + 螺柱伸出螺母的高度

再查相关标准，确定公称长度 L。由于双头螺柱的安装可靠性要求，其拧进较厚零件螺孔的拧入端螺纹终止线必须与被连接两零件的结合面重合，如图 6-11c 所示。

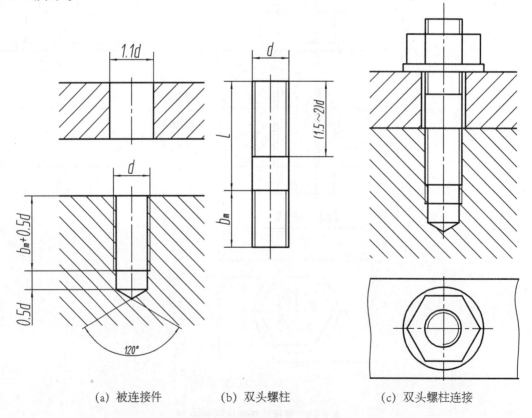

(a) 被连接件　　　　　(b) 双头螺柱　　　　　(c) 双头螺柱连接

**图 6-11　双头螺柱连接的比例画法**

【**例** 6-1】用 M10 的 B 型双头螺柱连接两个零件，较厚零件材料为铸铁，较薄零件的厚度为 10 mm。选用 I 型六角螺母（GB/T 6170）和标准型弹簧垫圈（GB/T 93）。试确定双头螺柱的公称长度 $L$，用比例画法作出双头螺柱连接图，写出双头螺柱、螺母及垫圈的规定标记。

分析与解：

①确定双头螺柱的公称长度 $L$ 及孔的深度

$L_{计算}$ = 通孔零件的厚度 + 垫圈厚度 + 螺母高度 + 0.3$d$。

按比例画法作图时，弹簧垫圈厚度取 0.25$d$，螺母高度取 0.8$d$，$L_{计算}$ = 23.5 mm。

查阅附表，确定公称长度为 25 mm。

由铸铁材料确定 $b_m$，取 1.5$d$，为 15 mm；螺孔深为 $b_m$ + 0.5$d$；钻孔深为螺孔深 + 0.5$d$。相关尺寸在图 6-12 中已注出。

②画出双头螺柱的连接图（图 6-12），其中弹簧垫圈的比例尺寸在图中已注出，其开口槽方向从左上向右下倾斜，与水平成 70°。双头螺柱按公称长度 $L$ = 25 mm 画。

③写出螺柱、螺母及垫圈的规定标记

螺柱　GB/T 899 M10×25

螺母　GB/T 6170 M10

垫圈　GB/T 93 10

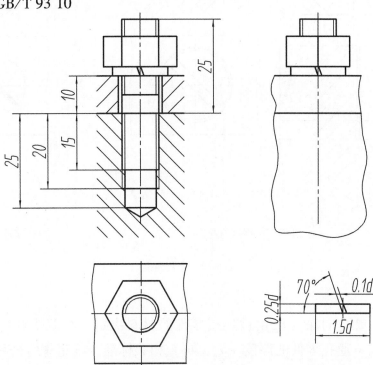

**图 6-12　双头螺柱连接例题**

### 6.2.2.3 螺钉连接

螺钉连接分为一般螺钉连接和紧定螺钉连接。

（1）一般螺钉连接

一般螺钉连接通常用于不经常拆卸、受力不大的场合，且两个被连接零件中有一个较厚，不适合加工成通孔，需制成螺纹孔，螺钉穿过通孔拧入螺孔中。螺钉头部形式较多，相关尺寸可查表获得。图 6-13a 为开槽沉头螺钉连接前后的表达，连接时螺钉头部埋在被连接零件的沉孔内。对于螺钉头部槽口方向的画法有如下规定：在反映螺钉轴线的视图上，槽口垂直于投影面；在螺钉头部投影为圆的视图上，槽口画成与中心线右倾斜成 45°。当槽口宽度小于或等于 2 mm 时，其投影可涂黑表示。如图 6-13b 所示。

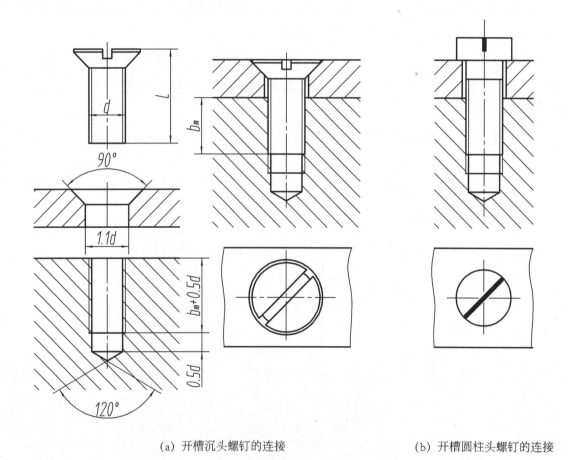

（a）开槽沉头螺钉的连接 （b）开槽圆柱头螺钉的连接

**图 6-13 螺钉连接**

螺钉旋入螺孔的深度 $b_m$ 由被连接零件的材料决定，与双头螺柱相同。螺钉计算长度 $L_{计算}$ = 通孔零件的厚度 + $b_m$，再查相关标准，确定螺钉公称长度 $L$。

（2）紧定螺钉

用于固定两零件的相对位置，使它们不产生相对运动。紧定螺钉的端部有平端、锥端、圆柱端等。图 6-14 中，用一开槽锥端紧定螺钉来固定轴和轮。

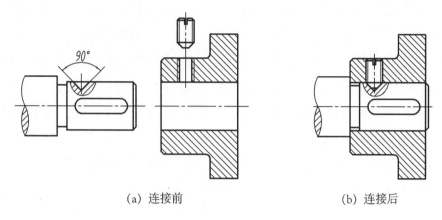

(a) 连接前                    (b) 连接后

**图 6-14  紧定螺钉的连接画法**

# §6.3  键和销

## 6.3.1  键联结

键的作用是联结轴和轴上的传动零件，使它们不产生相对转动，并传递扭矩。图 6-15 为用一平键联结轴和齿轮，联结时，将键嵌入轴上的键槽中，再将轴和键一起插入齿轮键槽孔中，从而使轴和齿轮联结并一起转动。

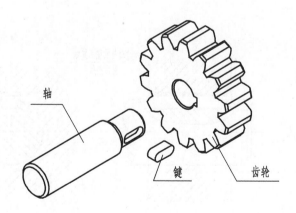

**图 6-15  键的联结**

键的种类有普通平键、半圆键、钩头楔键，最常用的是普通平键。使用普通平键时，应分别在轴和轮毂上加工出键槽，键和键槽的尺寸由轴的直径决定，可查平键的国家标准（GB/T 1095—2003、GB/T 1096—2003）获得，参见附录。

普通平键的标记格式：名称 型式 宽×长 国标号。普通平键有 A、B、C 三种型式，A 型平键标注时省略 A 字。

图 6-16 是直径 φ35 的轴和孔在键联结前后的视图表示，其中键和键槽的尺寸均查表得到。图 6-16a、6-16b 是联结前轴和孔上键槽的视图表示；图 6-16c 是查表获得的 A 型普通平键的尺寸；图 6-16d 是键联结后的视图表示，其画法应符合装配图的画法规定：剖切平面通过轴和键的轴线或对称面时，轴和键按不剖绘制。为了清楚地表示联结情况，图中作了过轴线的局部剖。因为键的两侧面与轴以及孔键槽的两侧面均接触，所以接触面处画一条线；键的顶面与轮毂的键槽底面有间隙，因此画两条线。当间隙过小时可采用夸大画法。

图 6-16 中的键标记为：键 10×40 GB/T 1096。

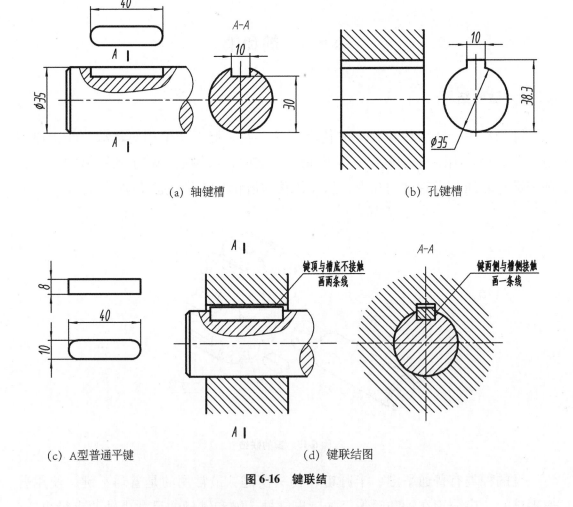

(a) 轴键槽        (b) 孔键槽

(c) A型普通平键        (d) 键联结图

**图 6-16　键联结**

### 6.3.2 销联结

销主要用于零件之间的连接或定位，也可作为安全装置中的过载保护元件。常用的有圆柱销、圆锥销和开口销等，它们都属于标准件，可以查表获得有关尺寸。

图 6-17 为圆锥销的联结画法，图中剖切平面通过销和轴的轴线，销和轴都按不剖绘制。为了清楚地反映联结情况，再通过轴线作一局部剖。

销的标记格式： 名称 国标号 型式 公称直径×长度 。例如 "销 GB/T 117 8×40"，表示公称直径为 8 mm(小端直径)，长为 40 mm 的 A 型圆锥销(省略 A 字)。

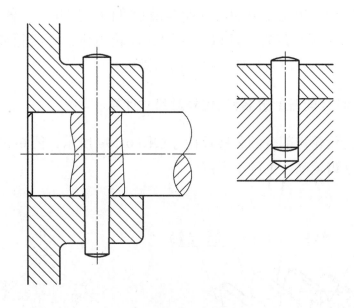

**图 6-17 圆锥销的联结画法**

## §6.4 齿轮

齿轮是机器中常用的传动零件。通过一对齿轮的啮合，将一根轴的转动传递给另一根轴，从而完成动力传递、转速及旋向的改变。

常见的齿轮传动形式有：

圆柱齿轮——用于两平行轴之间的传动，如图 6-18a 所示。

圆锥齿轮——用于两相交轴之间的传动，如图 6-18b 所示。

蜗杆蜗轮——用于两交叉轴之间的传动，如图 6-18c 所示。

(a) 圆柱齿轮　　　　　　　　(b) 圆锥齿轮　　　　　　　　(c) 蜗杆蜗轮

**图 6-18　常见的齿轮传动**

其中应用较为广泛的是圆柱齿轮传动。圆柱齿轮按轮齿的方向分为直齿、斜齿和人字齿三种。齿轮轮齿的齿廓曲线最常见的为渐开线。各种齿轮传动的规范画法均有国家标准规定，现以直齿圆柱齿轮为例，介绍轮齿部分的名称、尺寸计算、规定画法，以及齿轮工作图的图样格式。

### 6.4.1　直齿圆柱齿轮各部分名称、代号及尺寸计算

直齿圆柱齿轮轮齿部分的名称及代号如图 6-19a 所示，图 6-19b 是一对相互啮合的直齿圆柱齿轮啮合区的示意图。

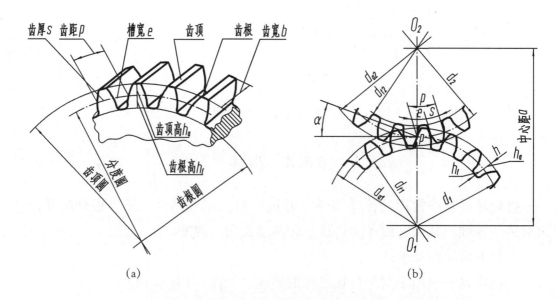

(a)　　　　　　　　　　　　　　　　(b)

**图 6-19　直齿圆柱齿轮各部分名称及代号**

（1）齿顶圆。通过轮齿顶部的圆，其直径用 $d_a$ 表示。

（2）齿根圆。通过轮齿根部的圆，其直径用 $d_f$ 表示。

（3）分度圆。齿厚与槽宽相等处的圆，其直径用 $d$ 表示。分度圆是设计、制造齿轮时各部分尺寸计算的基准圆。

（4）齿距 $p$。分度圆上相邻两齿廓对应点之间的弧长。一个轮齿齿廓间的弧长称为齿厚($s$)，一个齿槽齿廓间的弧长称为槽宽($e$)，齿距等于齿厚与槽宽之和。

（5）模数 $m$。以 $z$ 表示齿轮的齿数，分度圆周长 $= \pi d = zp$，即 $d = zp/\pi$。令 $p/\pi = m$，则 $d = mz$。为了设计与加工的方便，模数的数值已标准化，见表6-3，它是设计、制造齿轮的重要参数。模数越大，齿轮的承载能力也越大。

表6-3　标准模数　　　　　　　　　　　　　　　　　　　　（单位/mm）

| 第一系列 | 1　1.25　1.5　2　2.5　3　4　5　6　8　10　12　16　20　25　32　40　50 |
|---|---|
| 第二系列 | 1.75　2.25　2.75　(3.25)　3.5　(3.75)　4.5　5.5　(6.5)　7　9　(11)　14　18　22　28　36　45 |

（6）齿高、齿顶高、齿根高。齿高是齿顶圆与齿根圆之间的径向距离，用 $h$ 表示。分度圆将齿高分成两部分：齿顶圆与分度圆之间的径向距离为齿顶高 $h_a$，分度圆与齿根圆之间的径向距离为齿根高 $h_f$。

（7）齿形角 $\alpha$。一对啮合齿轮的齿廓在节点($p$)处的公法线方向与两分度圆的公切线之间所夹的锐角。我国标准规定齿轮齿形角为20°。

（8）中心距 $a$。一对啮合齿轮轴线之间的距离。

（9）传动比 $i$。主动轮转速($n_1$)与被动轮转速($n_2$)之比，和它们的齿数成反比。

直齿圆柱齿轮各部分的尺寸计算见表6-4。

表6-4　直齿圆柱齿轮尺寸计算

| 名称 | 代号 | 计算公式 |
|---|---|---|
| 分度圆直径 | $d$ | $d = mz$ |
| 齿顶高 | $h_a$ | $h_a = m$ |
| 齿根高 | $h_f$ | $h_f = 1.25m$ |
| 齿高 | $h$ | $h = h_a + h_f = 2.25m$ |
| 齿顶圆直径 | $d_a$ | $d_a = d + 2h_a = m(z+2)$ |
| 齿根圆直径 | $d_f$ | $d_f = d - 2h_f = m(z-2.5)$ |
| 中心距 | $a$ | $a = (d_1 + d_2)/2 = m(z_1 + z_2)/2$ |
| 传动比 | $i$ | $i = n_1/n_2 = z_2/z_1$ |

### 6.4.2　直齿圆柱齿轮的表示法

（1）单个齿轮

国家标准对轮齿部分的画法作了规定：在表达外形的视图（图 6-20a、6-20c）中，齿顶圆用粗实线绘制，分度圆用细点画线绘制，齿根圆用细实线绘制或省略不画；在剖视图（图 6-20b）中，轮齿部分按不剖处理，齿顶圆用粗实线绘制，分度圆用细点画线绘制，齿根圆用粗实线绘制，轮齿以外的其他结构，按其真实投影绘制。

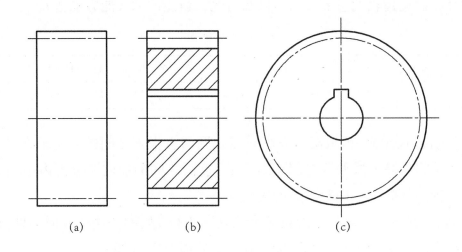

图 6-20　单个齿轮的画法

（2）齿轮的啮合画法

在表达外形的非圆视图（图 6-21a）上，啮合区的齿顶圆和齿根圆不画；分度圆用粗实线绘制。在剖视图（图 6-21b）中，轮齿部分仍按不剖处理；在啮合区，两分度圆重叠在一根细点画线上；两齿根圆均用粗实线绘制；一个齿轮（常为主动轮）的齿顶圆用粗实线绘制，另一个齿轮的齿顶圆用细虚线绘制。在表达外形的圆视图上（图 6-21c），两齿轮分度圆相切，用细点画线绘制；齿顶圆用粗实线绘制（啮合区内的齿顶圆也可省略）；齿根圆用细实线绘制或省略不画。

（3）齿轮工作图

直齿圆柱齿轮工作图的图样格式如图 6-22 所示。根据该齿轮的结构特点，其视图表达采用全剖的主视图，另用局部视图表达轴孔的键槽结构。齿轮的分度圆直径、齿顶圆直径、轮齿宽度等尺寸直接标注在视图上，齿根圆直径不标注。齿轮的模数、齿数等基本参数标注在图纸右上角的参数表内。参数项目可根据需要增减，检验项目按功能要求而定。此外，可用文字、规定符号标注齿轮材料的热处理、齿轮制造的精度等技术要求。

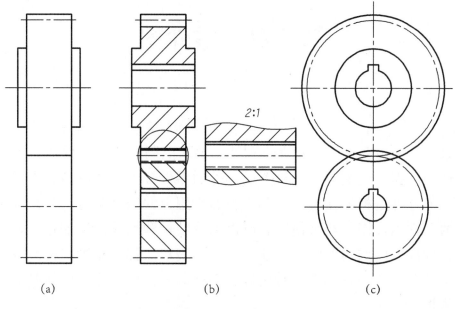

**图 6-21　齿轮的啮合画法**

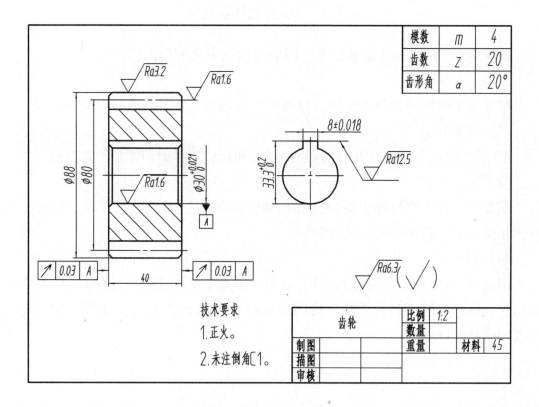

**图 6-22　齿轮工作图**

# 第7章  零件图

表达零件结构形状、尺寸大小和技术要求的图样称为零件图，零件图是制造零件的依据。装配成一台机器或部件的零件分为一般零件、常用件和标准件。一般零件是根据在机器或部件中的作用，并结合制造工艺来确定其结构形状的；常用件因为经常使用，所以部分结构和尺寸已标准化，如直齿圆柱齿轮；标准件的结构形状、尺寸大小以及表示法都遵循国家标准规定，不必再画零件图，而一般零件和常用件就必须画零件图，作为零件制造和检验的技术依据。

## §7.1  零件图的内容

如图7-1所示，一张完整的零件图应包括以下几方面内容：

（1）一组图形

综合运用图样的各种表示法，简明而准确地表达零件内、外结构和形状。

（2）零件尺寸

正确、完整、合理、清晰地标注出制造和检验零件时所需的全部尺寸。

（3）技术要求

用文字、规定符号等表明制造和检验零件时应达到的质量要求，如尺寸公差、几何公差、表面结构、热处理等。

（4）标题栏

用文字或符号填写零件的名称、材料、制图比例、制图（设计）人员姓名等信息。标题栏在图纸的右下角，按国家标准规定的格式填写。在平时练习时也可以用简易的标题栏。

# §7.2 零件图的视图表达

零件图中所包含的一组图形，应将零件的内、外结构和形状全部表达清楚，同时应考虑画图简便，识图容易，尺寸标注齐全。

## 7.2.1 视图选择的一般原则

（1）主视图的选择

主视图是表达零件形状、结构最重要的一个视图，画图时最先考虑的应该是主视图。选择零件主视图的原则包括两点：第一，主视图中零件的放置位置应尽量与零件的加工位置或工作位置一致；第二，主视图投影方向应是反映零件形状、结构特点最明显的方向。

（2）其他视图的选择

主视图确定以后，再根据零件的结构特点和复杂程度考虑其他视图的数量和表达方式。每个视图都应有表达重点，应用最简便易懂的方法配合主视图将零件的内、外结构和形状反映清楚。

## 7.2.2 典型零件的视图表达

根据结构特点，一般零件大致可分为四类：轴套类、盘盖类、叉架类和箱体类。表 7-1 中列出了这四类零件通常的结构特点及视图表达方法。同一零件的视图表达方案可以有多种，应根据该零件的结构特点选择最合适的表达方法。

图 7-1 所示的轴套类零件"轴"，按加工位置将轴水平放置。从主视图上可以看出该轴的直径变化和各轴段的长度，同时主视图还反映了键槽的形状以及倒角、退刀槽等结构。由于在尺寸标注时已用了"$\phi$"，因此只需一个主视图就能表达该零件是由直径不等的同轴圆柱体组成的。断面图用于表示键槽的结构和尺寸。

图 7-2 所示的盘盖类零件"泵盖"，用两个视图表示。零件的轴线水平放置，作为主视图的投影方向，主视图采用全剖，表达泵盖的空腔结构，左视图表达泵盖的外形。

表 7-1　典型零件的视图选择

| 类型 | 结构特点 | 主视图选择 | 视图表达方法 |
|---|---|---|---|
| 轴套类零件 | 该类零件的主体结构为同轴回转体，常有键槽、倒角、退刀槽等结构 | 加工方法主要是车削，按加工位置将其轴线水平放置。一般小端在右，以利于加工看图 | 一般用主视图表达零件主要的结构，用断面图、局部剖或局部放大图表示一些较细小结构 |
| 盘盖类零件 | 该类零件多呈扁平状，常有键槽、轮辐及均匀分布的孔等结构 | 零件以车削加工为主，则按加工位置将其轴线水平放置，否则按工作位置放置零件 | 一般需两个或两个以上视图，主视图用剖视表达空腔结构，另一视图表达外形 |
| 箱体类零件 | 该类零件结构较复杂，常有空腔、安装板、肋板、螺纹孔或光孔等结构 | 加工位置和方法较多，其加工位置多变。通常按零件的工作位置选择主视图的投影方向 | 需要的视图数量较多，常用各种剖视表达内腔，也常用局部视图、局部剖视图等反映细小部分的结构 |
| 叉架类零件 | 该类零件一般由工作部分、安装（或支承）部分和连接部分组成。常有孔、肋等结构 | 加工方法较多，其加工位置多变。通常按零件的工作位置选择主视图的投影方向 | 一般需要两个及两个以上视图，常用局部剖视图以及斜视图、断面图等 |

　　图 7-3 所示的箱体类零件"阀体"，主视图的投影方向是按其工作位置确定的。主视图用局部剖表达阀体的内腔结构，俯视图以 $A-A$ 全剖视反映凸台上的 M15 螺孔及底板的外形。由于该零件较为复杂，因此，除了用主视图和俯视图外，又用了两个局部视图表达部分外形。

　　图 7-4 所示的叉架类零件"轴承座"，主视图投影方向是按其工作位置确定的。主视图主要表达了轴承孔、底板及中间连接部分的相对位置，并用局部剖视表达底板上的安装孔。左视图采用全剖视图，重点表达 $\phi30$ 支承孔、凸台中的 $\phi8$ 孔以及连接部分的肋板等结构。俯视图以表达底板外形为主，因此采用 $A-A$ 剖视，以方便和简化图形的表达。

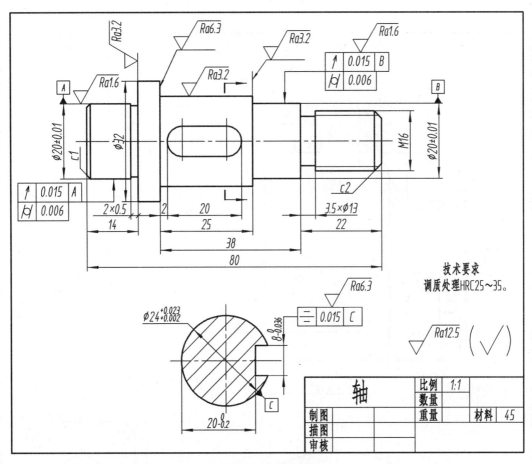

图 7-1　轴零件图

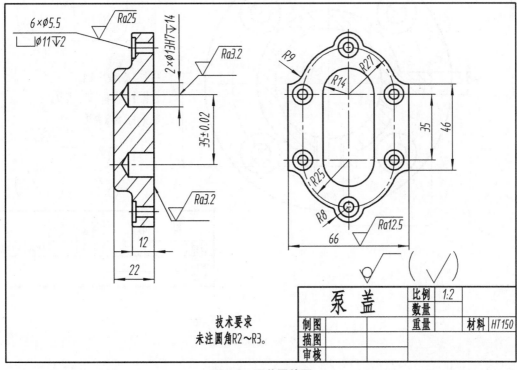

图 7-2　泵盖零件图

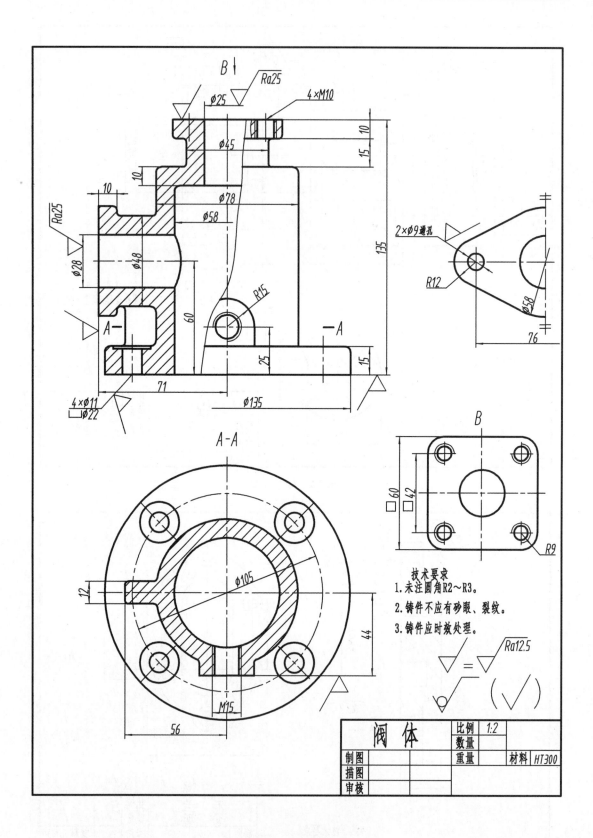

**图 7-3　阀体零件图**

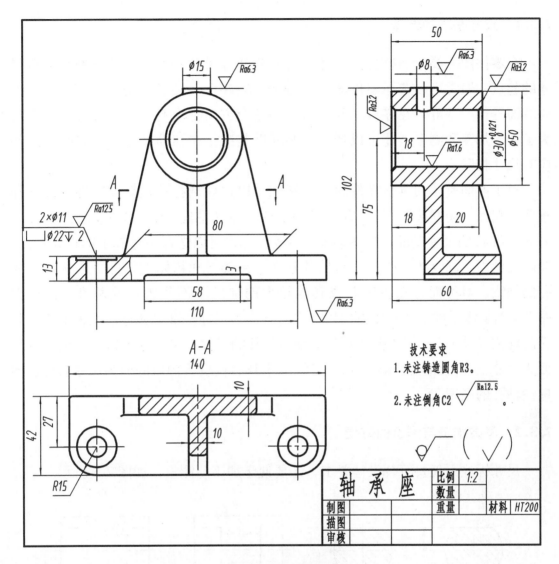

图 7-4　轴承座零件图

# §7.3　零件图的尺寸标注

零件图上的尺寸是零件在加工和检验时的技术依据。零件图的尺寸标注除了要达到准确、完整、清晰的基本要求之外，还应尽可能合理。也就是说零件图上所注的尺寸既能满足设计要求，又能给零件的加工、测量带来方便。尺寸标注要达到合理，需要有较多的机械设计、制造等方面的知识以及一定的生产实践经验，这里仅介绍一些合理标注尺寸的初步知识。

### 7.3.1　尺寸基准的选择

在零件图上要合理地标注尺寸，首先应选好尺寸基准。尺寸基准是度量尺寸的起点，通常可以选择零件的主要轴线、安装面、装配结合面、对称面、重要端面等作为基准。在零件的长、宽、高三个方向都应有一个主要基准。有时为了便于加工和测量，还可以选定一些辅助基准，在辅助基准和主要基准之间应有尺寸相联系。

对于前面所述的典型零件的尺寸基准可以这样选择：轴套类零件可以选择重要的端面、装配接触面(轴肩)等作为长度方向(轴向)尺寸基准；宽度和高度方向(径向)的尺寸基准则选择轴线。盘盖类零件可以选择经过加工的较大端面、装配接触面、圆盘的轴线等作为尺寸基准。叉架类和箱体类零件可以选择主要孔的轴线、对称面、安装底面或其他较大的加工平面作为尺寸基准。例如在图7-4轴承座零件中，长度方向以左右对称面为尺寸基准，如标注底板上两安装孔的定位尺寸110，使两孔之距离保证对轴孔的对称；宽度方向以零件最后的端面为尺寸基准，如标注 $\phi 8$ 小孔的定位尺寸18；高度方向以底面为尺寸基准，如标注轴孔的高度75。

### 7.3.2　考虑加工与测量的方便

尺寸标注不仅要符合设计要求，还要便于加工与测量，如图7-5所示。

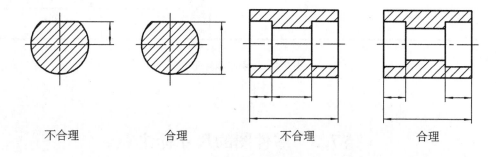

不合理　　　　　　　合理　　　　　　　不合理　　　　　　　合理

**图7-5　考虑加工与测量的方便**

### 7.3.3　尺寸链的处理

在图7-6a中，尺寸 $A$、$B$ 和 $C$ 首尾相连，组成了一个封闭的尺寸链，这样的标注是不合理的。因为零件在加工过程中必然存在着误差，在设计时应根据各个尺寸的重要程度，给定加工时允许的制造误差。若注成图7-6a所示的封闭尺寸链形式，等同于对尺寸链的所有尺寸都提出了精度要求，加工时无法达到这样的要求。因此，标注尺寸时应将重要的尺寸直接注出，而将不太重要的尺寸空着不注，使得加工误差集中在这个尺寸段上。例如可以注成图7-6b的形式。

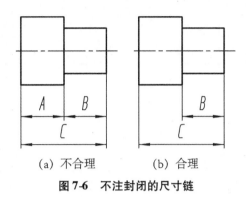

(a) 不合理　　　　　　(b) 合理

**图7-6　不注封闭的尺寸链**

零件上常见结构要素的尺寸标注形式可参考表7-2。

**表7-2　常见结构要素的尺寸标注**

| 零件结构类型 | 标注方法 | 说明 |
|---|---|---|
| 螺纹通孔 | $3 \times M6$　　　$3 \times M6$　　　$3 \times M6$ | $3 \times M6$ 表示直径为 6 有规律分布的三个螺孔。可以旁注，也可以直接注出 |
| 螺纹不通孔 | $3 \times M6$　$\downarrow 10$孔$\downarrow 12$　　　$3 \times M6$　$\downarrow 10$孔$\downarrow 12$　　　$3 \times M6$　10　12 | 螺孔深度可以与螺孔直径连注，也可分开注出，符号┰表示深度 |
| 一般孔 | $4 \times \phi5 \downarrow 12$　　　$4 \times \phi5 \downarrow 12$　　　$4 \times \phi5$　12 | $4 \times \phi5$ 表示直径为 5 有规律分布的四个光孔。孔深可与孔径连注，也可分开注出。 |
| 锥销孔 | $2 \times$锥销孔$\phi5$　配作　　　　$2 \times$锥销孔$\phi5$　配作 | $\phi5$ 是和锥销孔相配的圆锥销小头直径。锥孔通常是相邻零件装配后一起加工的 |

（续表）

| 零件结构类型 | 标注方法 | 说明 |
|---|---|---|
| 锥形沉孔 | 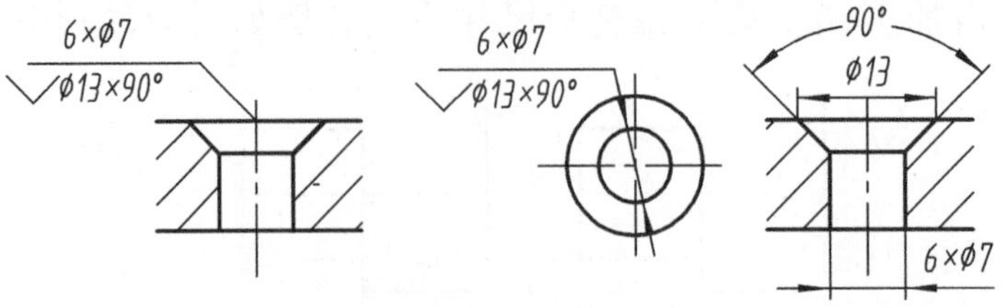 *6×ϕ7* ＼*ϕ13×90°*　　*6×ϕ7* ＼*ϕ13×90°*　　*90°* *ϕ13* *6×ϕ7* | 6×ϕ7 表示直径为 7 有规律分布的六个孔。锥形沉孔的尺寸可旁注，也可直接注出。符号 ∨ 表示锥形沉孔。 |
| 柱形沉孔 | 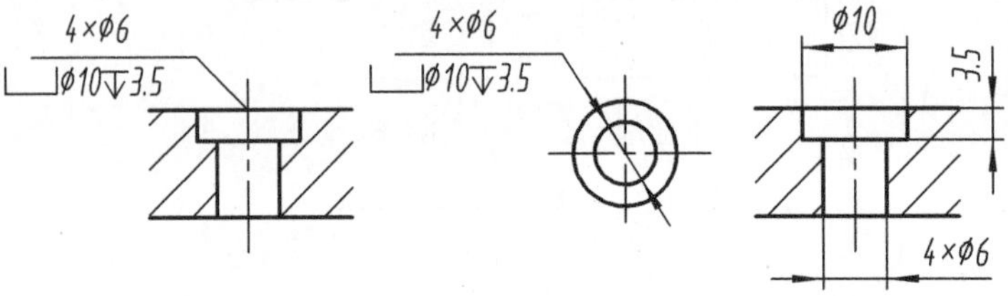 *4×ϕ6* ⌴*ϕ10▽3.5*　　*4×ϕ6* ⌴*ϕ10▽3.5*　　*ϕ10* *3.5* *4×ϕ6* | 4×ϕ6 的意义同上。柱形沉孔的直径 ϕ10 和深度 3.5 均需注出。符号⌴表示柱形沉孔 |
| 锪平面 | 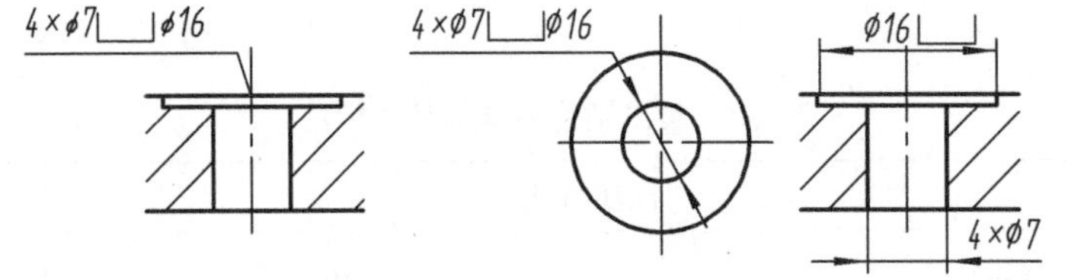 *4×ϕ7* ⌴*ϕ16*　　*4×ϕ7* ⌴*ϕ16*　　*ϕ16*⌴ *4×ϕ7* | 锪平面 ϕ16 的深度不需注出，一般锪平到不出现毛面为止。锪平面的符号也是⌴ |
| 平键键槽 | 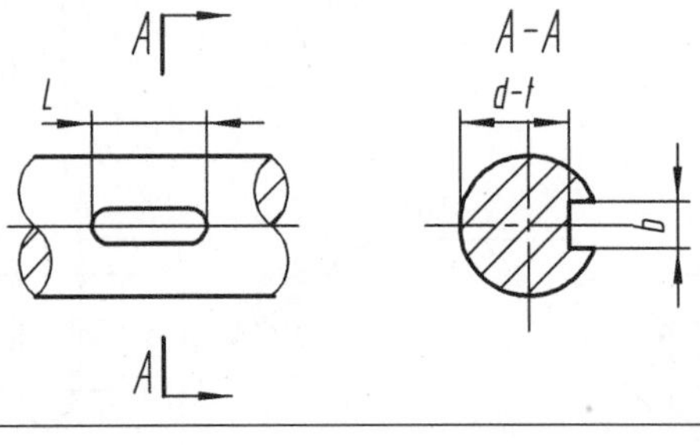 *A* *A-A* *L* *d-t* *b* *A* | 标注 *d* − *t* 便于测量 |
| 退刀槽 | 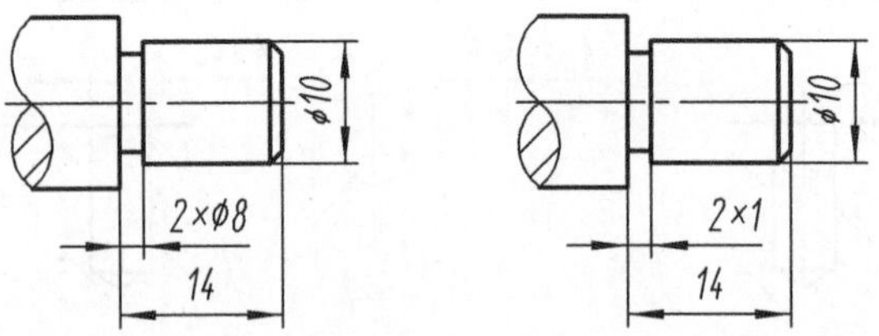 *ϕ10* *2×ϕ8* *14*　　*ϕ10* *2×1* *14* | 退刀槽可按"槽宽×直径"标注，也可按"槽宽×槽深"标注 |
| 倒角 | 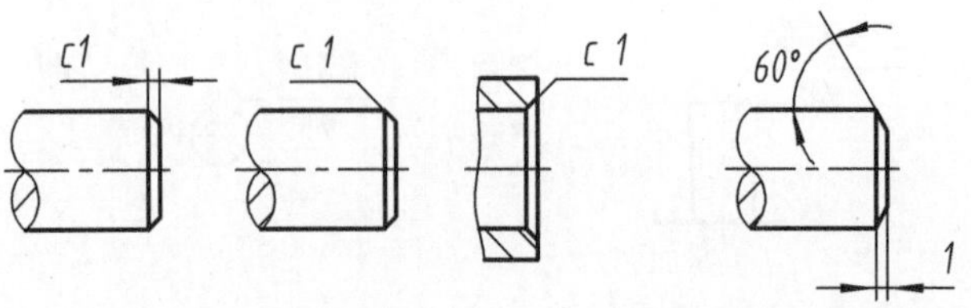 *c1*　　*C 1*　　*C 1*　　*60°* *1* | 倒角是 45°时，代号 C 和轴向尺寸连注。倒角不是45°时，要分开标注 |

# §7.4　零件图上的技术要求

零件是最小的制造单元。依据零件图，可以实现由材料到零件实体的生产过程，因此零件图上除了有视图表达图形和尺寸外，还应该根据零件的功能对零件的制造过程提出相应的要求，这些要求统称为技术要求。技术要求通常包括零件的表面结构、极限偏差、几何公差等，它们都是衡量和控制零件质量的重要技术指标。

## 7.4.1　表面结构

### 7.4.1.1　表面结构的概念

零件表面在加工过程中，由于机床和刀具的振动、材料的不均匀以及不同加工方法等因素的影响，在放大镜或显微镜下观察，可以看出其轮廓具有如图 7-7 所示的较大波浪状起伏和微小间距的峰谷。将处于特定波长范围内的波浪状表面结构轮廓定义为波纹度轮廓（$W$ 轮廓）；将处于特定细小波长范围内的具有微小间距峰谷的微观几何形状定义为粗糙度轮廓（$R$ 轮廓）。实际表面轮廓是由粗糙度轮廓、波纹度轮廓和原始轮廓叠加而成的。表面结构参数泛指粗糙度参数、波纹度参数和原始轮廓参数。表面结构参数对零件的耐磨性、抗腐蚀性、密封性、抗疲劳能力都有影响。

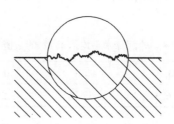

图 7-7　表面轮廓局部放大

### 7.4.1.2　表面结构在图样上的标注方法

在图样上标注表面结构时，是在表面结构图形符号中注写表面结构参数代号及极限值。表 7-3 列出了几种国家标准规定的图形符号。

表 7-3    表面结构图形符号

| 符号 | 含义 |
|------|------|
|  √ | 基本图形符号，由两条不等长的与标注表面成 60° 夹角的直线构成。仅用于简化代号标注，没有补充说明时不能单独使用 |
|  √ | 扩展图形符号，在基本图形符号上加一短横，表示指定表面是用去除材料方法获得的，如通过机械加工获得的表面 |
|  √ | 扩展图形符号，在基本图形符号上加一个圆圈，表示指定表面是用不去除材料方法获得的 |
|  √  √  √ | 完整图形符号，在上面的图形符号的长边上加一横线，注写表面结构特征有关信息 |

表面结构参数代号是由轮廓代号和特征代号组成的。轮廓代号有 3 种：粗糙度轮廓 R、波纹度轮廓 W 和原始轮廓 P。特征代号有 14 种，其中最常用的是：轮廓的算术平均偏差 $a$ 和轮廓的最大高度 $z$。在图样上标注对表面结构的要求时，应在表面结构参数代号后面写出极限值。所注的极限值默认为相应参数的上限值，以微米为单位。机械图样上常用的表面结构代号是粗糙度轮廓的算术平均偏差 $Ra$，表 7-4 是国家标准规定的轮廓算术平均偏差 $Ra$ 的数值。$Ra$ 值越大，则表面越粗糙，加工的成本就越低，一般用于不重要的表面；$Ra$ 值越小，则表面越光滑，加工的成本就越高，多用于重要的配合面。选用时应综合考虑零件表面的功能要求和生产的经济性要求。

表 7-4    轮廓算术平均偏差 $Ra$ 的数值系列                    （单位：μm）

| 0.012 | 0.025 | 0.05 | 0.1 | 0.2 | 0.4 | 0.8 |
|-------|-------|------|------|------|------|------|
| 1.6 | 3.2 | 6.3 | 12.5 | 25 | 50 | 100 |

在机械图样上标注表面结构时应遵循以下规则：

（1）表面结构要求在同一图样上，每一表面一般只标注一次，所标注的表面结构要求是对完工零件表面的要求。表面结构的注写和读取方向与尺寸的注写和读取方向一致，如图 7-8a 所示。

（2）表面结构要求应标注在可见轮廓线或其延长线上，表面结构要求符号应从材料外指向并接触表面，如图 7-8a、图 7-8b 所示。必要时，表面结构可用带箭头或黑点的指引线引出标注，如图 7-8c 所示。

（3）在不致引起误解时，表面结构要求可标注在给定的尺寸线上，如图 7-8d 所示；表面结构要求也可标注在几何公差框格的上方，如图 7-8e 所示。

（4）如果工件的多数（包括全部）表面有相同的表面结构要求时，可统一标注在图样的标题栏附近，符号后面的括号内给出基本符号（全部表面有相同要求的情况除外），如图 7-8b 所示。

（5）多个表面有共同表面结构要求或图纸空间有限时，图中可作简化标注，并在图形或标题栏附近用等式形式说明，如图 7-8f 所示。

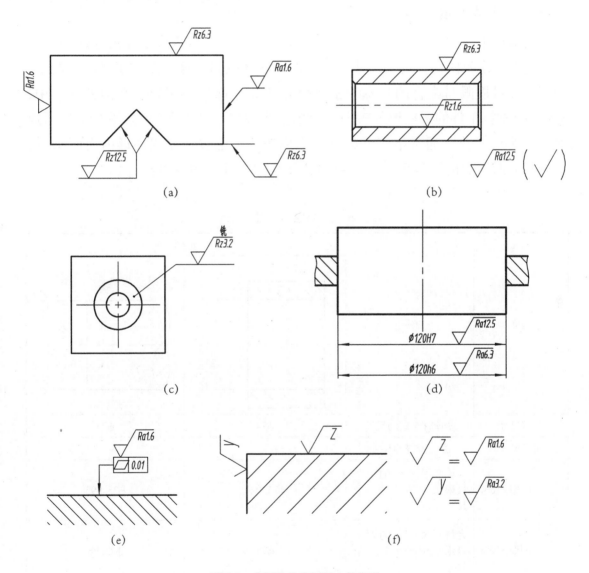

图 7-8　表面结构在图样上的标注

## 7.4.2 极限与配合

组装机器时，在一批同样的零件中任取一个，不经过再加工就装入机器，便能满足机器的性能要求；修理机器时，把同样规格的任一零件配换上去，便能使机器正常运转。零件的这种可以替换使用的特性称为零件的互换性。零件的互换性不但给机器的组装、修理带来了方便，更重要的是为机器的现代化生产提供了可能性。

### 7.4.2.1 基本术语

为保证零件的互换性要求，同时减少生产成本，必须将零件尺寸的加工误差限制在一定范围内，规定尺寸一个允许的变动范围，这便形成了极限与配合。国家标准对极限与配合的基本术语、代号及标注都作了规定。在国家标准中，"轴"通常指工件的圆柱形外表面，也包括非圆柱形外表面(由两平行平面形成的包容面)；"孔"通常指工件的圆柱形内表面，也包括非圆柱形内表面(由两平行平面形成的被包容面)。表7-5列出了极限与配合的基本术语。

表7-5 极限与配合的基本术语

| 名称 | | 解释 | 示例 | |
|---|---|---|---|---|
| | | | 孔 | 轴 |
| | | | $\phi24H7\,{}^{+0.021}_{\ \ 0}$ | $\phi24q6\,{}^{-0.007}_{-0.020}$ |
| 公称尺寸 | | 设计时给定的尺寸 | $\phi24$ | $\phi24$ |
| 实际尺寸 | | 测量所得的尺寸 | | |
| 极限尺寸 | 上极限尺寸 | 允许尺寸变化的两个极限值中较大的一个尺寸 | $\phi24.021$ | $\phi23.993$ |
| | 下极限尺寸 | 允许尺寸变化的两个极限值中较小的一个尺寸 | $\phi24$ | $\phi23.98$ |
| 尺寸偏差(简称偏差) | | 某一尺寸(实际尺寸、极限尺寸等)减去其公称尺寸所得的代数差 | | |

（续表）

| 极限偏差 | 上极限偏差<br>ES(孔)、<br>es(轴) | 上极限尺寸减公称尺寸所得的代数差 | + 0.021 | - 0.007 |
|---|---|---|---|---|
|  | 下极限偏差<br>EI(孔)、<br>ei(轴) | 下极限尺寸减公称尺寸所得的代数差 | 0 | - 0.02 |
| 尺寸公差<br>（简称公差） | | 允许尺寸的变动量<br>公差 = 上极限尺寸 -<br>下极限尺寸<br>公差 = 上极限偏差 -<br>下极限偏差 | 0.021 | 0.013 |
| 公差带 | | 由代表上下极限偏差的两条直线所限定的区域 | | |
| 公差带图 | | 反映公称尺寸,上、下极限偏差,尺寸公差之间关系的示意图。图中零线表示公称尺寸,零线以上为正偏差,零线以下为负偏差 | 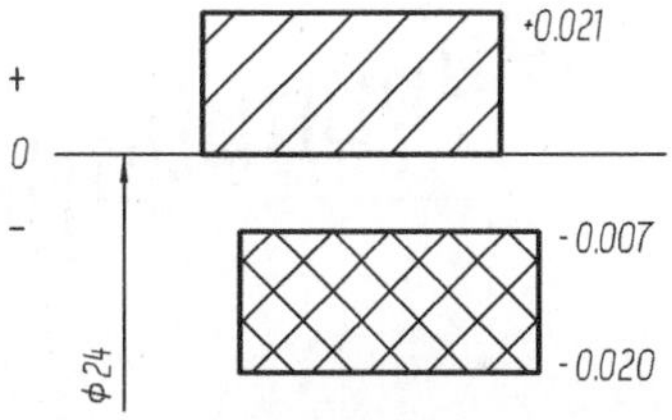 | |

## 7.4.2.2　标准公差

标准公差是指国家标准规定的数值，用以确定公差带的大小。标准公差由公称尺寸和公差等级确定，标准公差代号 IT，分为 20 个等级，即 IT01、IT0、IT1 ~ IT18。等级由高到低，尺寸精度也是由高到低。当公称尺寸相同时，公差等级越高，公差值越小，尺寸精度也就越高；当公差等级相同时，公称尺寸越大，公差值越大。一般 IT01 ~ IT11 用于配合尺寸，IT12 ~ IT18 用于非配合尺寸。公差等级的选用原则是：在满足使用要求的前提下，尽可能选用较低的等级，以降低生产成本。

## 7.4.2.3　基本偏差

基本偏差用来确定公差带相对于零线位置的上极限偏差或下极限偏差，一般为靠近零线的那个偏差。国家标准规定了包括孔和轴各 28 个基本偏差系列，其代号用字母表示，其中大写字母表示孔，小写字母表示轴。图 7-9 是基本偏差系列示意图，从图中可以看出：位于零线以上的公差带，其基本偏差为下偏差，孔从 A～H，轴从 j～zc；位于零线以下的公差带，其基本偏差为上偏差，孔从 J～ZC，轴从 a～h。基本偏差代号 H(h)处于零线位置，表示下(上)偏差为零，即基本偏差为零。公差带封闭的一端用于确定与零线的位置，而另一端开口，由标准公差来限定。一般基本偏差与标准公差互相独立，没有关系。但 J(JS)和 j(js)的公差带对称分布于零线两侧，上、下偏差分别为 + IT/2、 − IT/2。

标准公差确定了公差带的大小，基本偏差确定了公差带相对于零线的位置，两者都已标准化了。因此，孔和轴的公差带代号由基本偏差代号和公差等级代号共同组成。例如尺寸 φ40f7 中，公差带代号 f7 由基本偏差代号 f 和公差等级代号 7 组成。

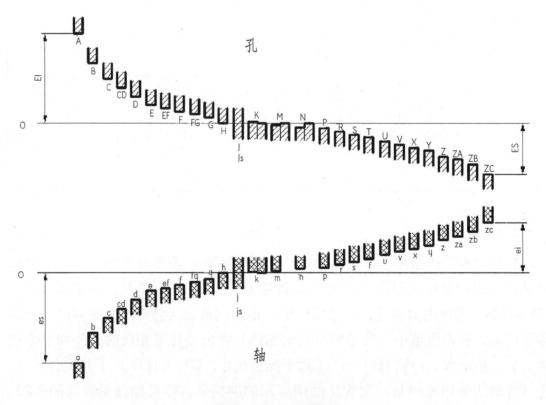

**图 7-9 基本偏差示意图**

#### 7.4.2.4 配合

公称尺寸相同的相互结合的孔和轴公差带之间的关系称为配合。由于使用要求的不同，孔和轴之间的配合有时需要松，有时需要紧。因为孔和轴的公称尺寸相同，所以它们配合的松与紧就体现在它们的公差带上。根据孔、轴公差带的相对位置，可将配合按性质分为以下三种：

（1）间隙配合

如图 7-10a 所示，孔的公差带完全在轴的公差带之上。间隙配合时，任取一对孔与轴装配，总是具有间隙（包括最小间隙为零）。

（2）过盈配合

如图 7-10b 所示，轴的公差带完全在孔的公差带之上。过盈配合时，任取一对孔与轴装配，总是具有过盈（包括最小过盈为零）。

（3）过渡配合

如图 7-10c 所示，孔与轴的公差带互相交叠。过渡配合时，任取一对孔与轴装配时，可能有间隙，也可能有过盈。

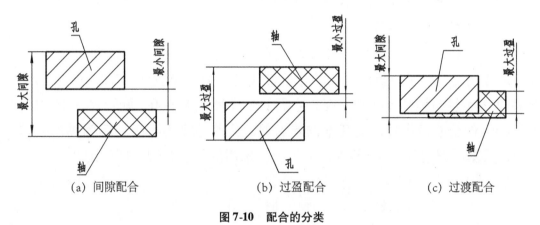

图 7-10　配合的分类

### 7.4.2.5　基孔制和基轴制

国家标准规定了两种配合基准制：基孔制和基轴制。

（1）基孔制

基本偏差代号为 H 的孔的公差带，与不同基本偏差的轴的公差带形成各种配合的一种制度，如图 7-11a 所示。此时孔称为基准孔。在基孔制中，不同基本偏差的轴公差带与基准孔 H 形成三类配合。其中基本偏差为 a～h 的轴与基准孔 H 形成间隙配合；基本偏差为 j～zc 的轴与基准孔 H 形成过渡或过盈配合。

（2）基轴制

基本偏差代号为 h 的轴的公差带，与不同基本偏差的孔的公差带形成各种配合的一种制度，如图 7-11b 所示。此时轴称为基准轴。在基轴制中，不同基本偏差的孔公差带与基准轴 h 也形成三类配合。其中基本偏差为 A～H 的孔与基准轴 h 形成间隙配合；基本偏差为 J~ZC 的孔与基准轴 h 形成过渡或过盈配合。

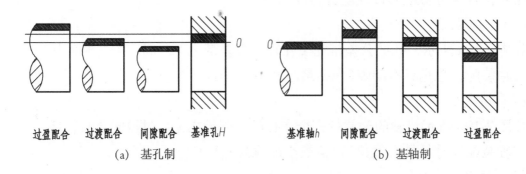

过盈配合　过渡配合　间隙配合　基准孔H

(a)　基孔制

基准轴h　间隙配合　过渡配合　过盈配合

(b)　基轴制

**图 7-11　基孔制和基轴制**

### 7.4.2.6　尺寸公差和配合在图样上的标注

（1）装配图中的标注

装配图上在需要标注配合尺寸处，通常在公称尺寸的右边将配合代号以分数的形式注出，分子位置注写孔的公差带代号，分母位置注写轴的公差带代号。图 7-12 表示轴与轴套装配在一起，它们的公称尺寸为 $\phi 40$，配合尺寸中，H8 为轴套（孔）的公差带代号，其基本偏差为 H，公差等级为 8 级；f7 为轴的公差带代号，其基本偏差为 f，公差等级为 7 级。采用的是基孔制、间隙配合。

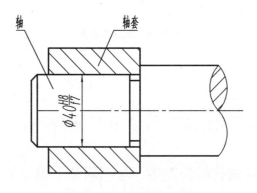

轴　　轴套

$\phi 40\frac{H8}{f7}$

**图 7-12　装配图中的标注**

（2）零件图中的标注

对应图 7-12 中的轴和轴套各自的零件图，常见尺寸公差标注形式有三种：

第一种是标注公差带的代号，即由基本偏差代号和公差等级代号组成，如图 7-13a 所示。

第二种是标注极限偏差。为了测量的方便，直接将极限偏差标注在公称尺寸的右边。此时，上极限偏差应注在公称尺寸的右上方，下极限偏差应与公称尺寸注在同一底线上。偏差数值的字体要比公称尺寸数字的字体小一号，偏差数值前加正负号(偏差为零时除外)，如图 7-13b 所示。

第三种是同时标注公差带的代号和极限偏差。此时极限偏差注在圆括号内。如图 7-13c 所示。

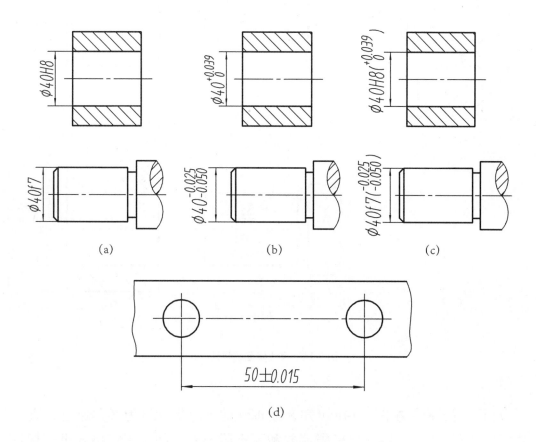

(a)　　　　　　　　　　(b)　　　　　　　　　　(c)

(d)

**图 7-13　零件图中的标注**

当上极限偏差和下极限偏差的绝对值相同时，可以按图 7-13d 标注，此时偏差数字与公称尺寸数字高度相同。

标注极限偏差时，需要查阅国家标准 GB/T 1800.4《极限与配合》(见附表)，其中在公称尺寸的行和公差带代号的列相交处查得的上、下极限偏差值，单位为微米，在图中标注时应换算为毫米。

【例7-1】根据装配图上所注的尺寸和配合代号（图7-14a），通过查表在零件图尺寸线处（图7-14b、图7-14c），加注公差带的代号和极限偏差，并说明轴与轴套的配合性质。

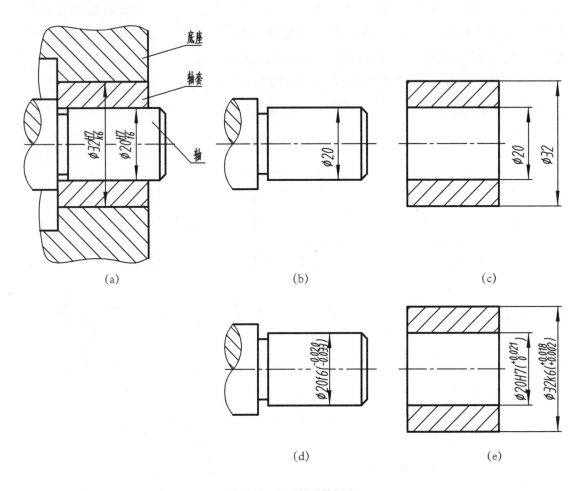

图7-14 尺寸偏差的标注

分析与解：由装配图7-14a可知，轴 φ20 的公差带代号为 f6，通过查表（附录中极限与配合），得到其上极限偏差和下极限偏差，并按规定格式进行标注，如图7-14d所示。

轴套与轴配合处 φ20（孔）的公差带代号为 H7；轴套与底座配合处 φ32（轴）的公差带代号为 k6，查表得到上极限偏差和下极限偏差并标注，如图7-14（e）所示。

由查表所得的极限偏差值可知，轴与轴套的配合 φ20 H7/f6 为间隙配合。

### 7.4.3 几何公差

零件在加工过程中，除了尺寸会产生一定的误差，其形状、方向以及构成零件各部分的相对位置也会产生误差，这些误差统称为几何误差。合格零件必须保证其形状、方向和相对位置的准确性，才能满足零件的使用要求和装配的互换性。为限定加工时产生的几何误差而规定的各种几何特征的公差称为几何公差。几何公差分为形状公差、方向公差、位置公差和跳动公差四类，每一类又包含多种几何特征项目，每一项目都有规定的符号表示，以方便在图样上标注。几何公差的几何特征及符号见表 7-6。

表 7-6　几何特征及符号

| 公差类型 | 几何特征 | 符号 | 基准 | 公差类型 | 几何特征 | 符号 | 基准 |
|---|---|---|---|---|---|---|---|
| 形状公差 | 直线度 | ─ | 无 | 位置公差 | 位置度 | ⊕ | 有或无 |
| | 平面度 | ▱ | 无 | | 同心度（用于中心点） | ◎ | 有 |
| | 圆度 | ○ | 无 | | | | |
| | 圆柱度 | ⌀ | 无 | | 同轴度（用于轴线） | ◎ | 有 |
| | 线轮廓度 | ⌒ | 无 | | | | |
| | 面轮廓度 | ⌓ | 无 | | 对称度 | ═ | 有 |
| 方向公差 | 平行度 | ∥ | 有 | | 线轮廓度 | ⌒ | 有 |
| | 垂直度 | ⊥ | 有 | | 面轮廓度 | ⌓ | 有 |
| | 倾斜度 | ∠ | 有 | 跳动公差 | 圆跳度 | ↗ | 有 |
| | 线轮廓度 | ⌒ | 有 | | 全跳度 | ⌰ | 有 |
| | 面轮廓度 | ⌓ | 有 | | | | |

一般精度要求的零件，其几何公差可以通过尺寸公差予以保证，不需注出。对于需要标注几何公差的零件，标注时要指明被测要素、几何特征项目、公差值以及基准要素。在零件图中几何公差标注的形式是带有指引线的公差框格，如图 7-15 所示。具体含义如下：

图 7-15  几何公差的标注形式

（1）公差框格

公差框格用细实线绘制，分两格或多格。按自左至右顺序，第一格中绘制几何特征项目符号；第二格中注写公差值，若公差带为圆形或圆柱形，则公差值前加注符号"φ"；有基准要求的几何公差，在第三格及以后各格中用大写字母注写基准名，如图 7-15 所示。

（2）被测要素

指引线的箭头指向被测要素，指引线可以从公差框格的任意一侧引出。当被测要素是轮廓线或轮廓面时，箭头指向该要素的轮廓线或延长线上，并与尺寸线明显错开，如图 7-16a 所示。箭头也可指向被测面引出线的水平线上，如图 7-16b 所示。当被测要素是中心线、中心面或中心点时，箭头应位于相应尺寸线的延长线上，如图 7-16c 所示。当空间有限时，尺寸线与指引线共用一个箭头，如图 7-16d 所示。

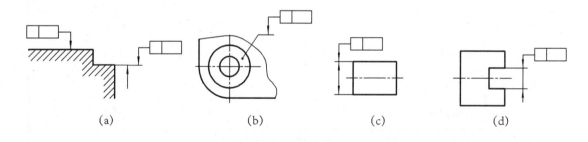

（a）                （b）                （c）                （d）

图 7-16  被测要素的标注

（3）基准

与被测要素相关的基准用一大写字母表示，字母注在基准方格内，与一个涂黑或空白的三角形相连以表示基准，同时在公差框格内写上相同的字母。当基准要素是轮廓线或轮廓面时，基准三角形放置在该要素的轮廓线或延长线上，并与尺寸线明显错开，如图 7-17a 所示。基准三角形也可放置在基准面引出线的水平线上，如图 7-17b 所示。当基准要素是中心线、中心面或中心点时，基准三角形应放置在相应尺寸线的延长线上，如图 7-17c 所示。当空间有限时，尺寸线的一个箭头可用基准三角形代替，如图 7-17d 所示。

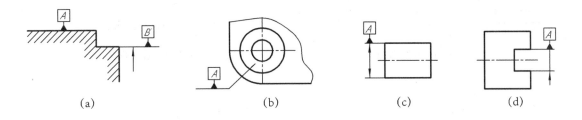

(a)　　　　　　　　　　　　(b)　　　　　　　　(c)　　　　　　(d)

图 7-17　基准要素的标注

在零件图上，除了有技术标准规定的技术要求，用规定的符号、代号注写在图样上之外，其他的技术要求可以在标题栏附近以"技术要求"为标题，用文字进行说明。如零件毛坯的要求、零件材料的热处理要求、对有关结构要素的统一要求、对零件表面处理的要求等。

# §7.5　零件工艺结构简介

零件的结构形状主要是根据零件在机器中的功能要求设计的，但也有部分结构是根据零件的加工和装配要求确定的，这样的结构称为工艺结构。下面介绍一些常见的工艺结构，供画图时参考。

## 7.5.1　与铸造工艺有关的工艺结构

（1）拔模斜度

在铸造过程中，为了便于将铸件从砂型中取出，铸件表面沿拔模方向都有一定的斜度，称为拔模斜度，如图 7-18 所示。拔模斜度一般较小，在图中不必画出，也不必标注。必要时，可以在技术要求中予以说明。

（2）铸造圆角

为防止铸件冷却时产生裂纹或缩孔，如图 7-20 所示，铸件毛坯各表面相交处均有的圆角，称为铸造圆角。铸造圆角的尺寸一般在技术要求中注明，在视图上不用标注。当铸件经过切削加工后，一些圆角被切去，因此在零件图上，在经过切削加工的表面与其他表面的相交处应画成尖角，如图 7-19 所示。

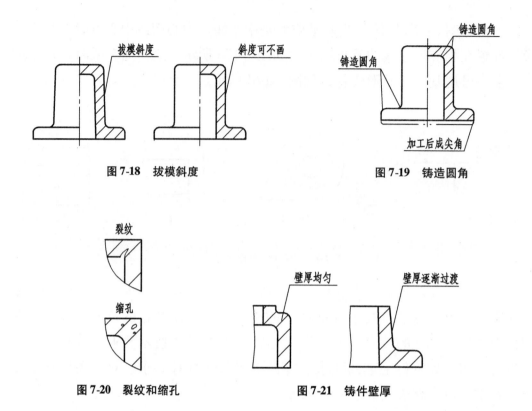

图 7-18　拔模斜度　　　　　　　　　　图 7-19　铸造圆角

图 7-20　裂纹和缩孔　　　　　　　　图 7-21　铸件壁厚

（3）铸件壁厚

若铸造零件的壁厚不均匀，浇铸后冷却速度就不相同，在厚薄突变处很容易产生裂纹或缩孔，如图 7-20 所示。因此在设计铸件时，壁厚应尽量一致或均匀变化，如图 7-21 所示。

### 7.5.2　与机械加工工艺有关的结构形状

（1）倒角和倒圆

为了装配和操作安全，在轴和孔的端部常加工出一小段圆锥面，称为倒角；在轴肩处为了避免因应力集中而产生裂纹，可用圆角过渡，称为倒圆，如图 7-22 所示。倒角和倒圆的尺寸选择可查阅有关手册。

（2）退刀槽和砂轮越程槽

在切削加工中，如车削或磨削时，为了使刀具顺利退出，先在待加工面的末端加工出退刀槽或砂轮越程槽，如图 7-23 所示。该结构也使相关零件装配时容易靠紧端面。

（3）凸台和凹坑

零件上与其他零件接触的表面，一般都需要经过机械加工。为了减少加工面积，保证两表面的良好接触，零件上常设计出凸台和凹坑，也可设计成凹槽和凹腔，如图 7-24 所示。

（4）钻孔结构

用钻头钻出的盲孔，在底部形成 120° 的锥坑，但不必标注，孔深不包括锥坑；用钻头钻出的阶梯孔，在过渡处形成 120° 的锥台，孔深也不包括锥台，如图 7-25a 所示。

钻孔时，孔的端面应与钻头轴线垂直，以避免孔偏斜和钻头折断，如图 7-25b、图 7-25c 所示。

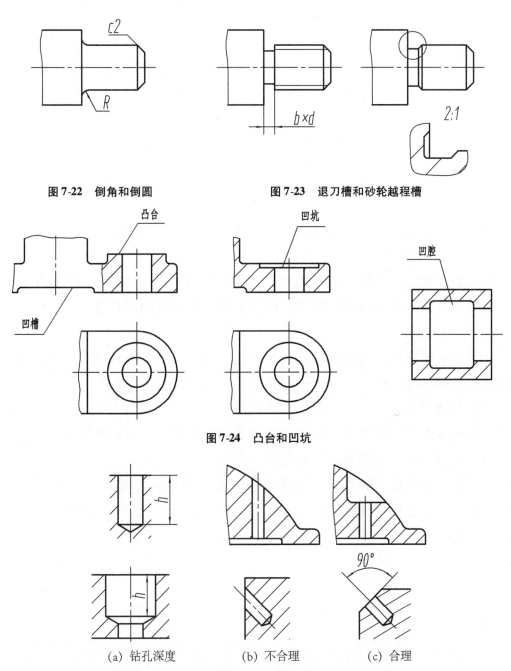

图 7-22　倒角和倒圆　　　　图 7-23　退刀槽和砂轮越程槽

图 7-24　凸台和凹坑

（a）钻孔深度　　　（b）不合理　　　（c）合理

图 7-25　钻孔结构

# 第8章　装配图

表达机器或部件的图样称为装配图。装配图是由零件组装机器或部件的技术依据，在装配图中应反映出机器或部件的工作原理、零件之间的装配关系以及必要的尺寸和技术要求等，装配图是技术交流的重要文件。

## §8.1　装配图的内容

在现代产品设计过程中，通常先画装配图，再以装配图为依据，设计零件并画零件图。

如图 8-1 所示，一张完整的装配图应包括以下四部分内容：

（1）一组视图

用一般表达方法和特殊表达方法，正确、清晰地表达机器或部件的工作原理、传动路线、零件之间的装配关系以及主要零件的结构形状等。

（2）必要的尺寸

在装配图中应标注出机器或部件的性能（规格）、部件或零件之间的配合、安装以及外形等尺寸。

（3）技术要求

说明机器或部件在装配、安装、使用等方面的要求。一般用文字表示。

（4）零部件序号、明细栏、标题栏

为了生产和管理上的需要，在装配图上按一定格式将零部件进行编号并填写明细栏。在标题栏中说明机器或部件的名称、图号、比例、设计单位、制图、审核、日期等。

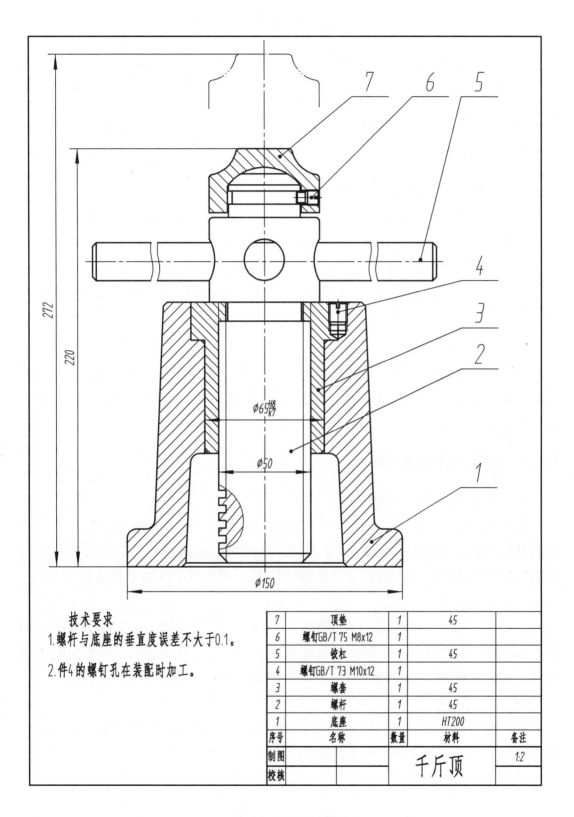

技术要求

1.螺杆与底座的垂直度误差不大于0.1。

2.件4的螺钉孔在装配时加工。

| 7 | 顶垫 | 1 | 45 | |
|---|---|---|---|---|
| 6 | 螺钉GB/T 75 M8x12 | 1 | | |
| 5 | 铰杠 | 1 | 45 | |
| 4 | 螺钉GB/T 73 M10x12 | 1 | | |
| 3 | 螺套 | 1 | 45 | |
| 2 | 螺杆 | 1 | 45 | |
| 1 | 底座 | 1 | HT200 | |
| 序号 | 名称 | 数量 | 材料 | 备注 |
| 制图 | | | 千斤顶 | 1:2 |
| 校核 | | | | |

图 8-1　千斤顶装配图

# §8.2 装配图的表达方法

在表达机器或部件时，前面各章所介绍的各种表达方法同样适用，如基本视图、剖视图和断面图、局部放大图等。除此之外，装配图还可以采用国家标准所规定的规定画法和特殊表示法。

## 8.2.1 规定画法

装配图中的规定画法主要有以下三条：

（1）两个零件的接触面或配合面，规定只画一条粗实线。当相邻零件的公称尺寸不同时，即使间隙很小，也必须画出两条线，如图 8-2 所示。

（2）在剖视图中，相邻两金属零件的剖面线的倾斜方向应相反，或者方向一致、间隔不等。在各视图中，同一零件的剖面线倾斜方向与间隔应保持一致，如图 8-2 所示。

（3）对于螺纹紧固件以及实心的轴、杆、键、销等零件，若剖切平面通过其对称平面或轴线时，则这些零件按照不剖绘制，如图 8-2 所示。如要特别说明这些零件的某些结构或装配关系，可采用局部剖视图，如螺杆的牙型采用局部剖视图表达。

## 8.2.2 装配图的特殊表示法

（1）沿结合面剖切或拆卸画法

在装配图中，可假想沿某些零件的结合面剖切。沿结合面剖切时，结合面上不画剖面线，如图 8-2 中的 $A - A$ 剖切。有时为了更清楚地反映装配关系，可假想拆去某些零件再进行表达。用拆卸画法时，需在图上注明"拆去××等"。

（2）假想画法

为了表示运动零件的运动范围和极限位置，可以用双点画线画出轮廓。如图 8-2 中的双点画线表示千斤顶的最高位置。有时当需要表达出本部件与相邻零部件的装配关系时，可以用双点画线画出相邻零部件。

（3）夸大画法

在装配图中，对微小的孔或间隙、薄片零件、细丝弹簧等，以及很小的斜度和锥度，允许不按比例而夸大地画出，如图 8-3 所示。

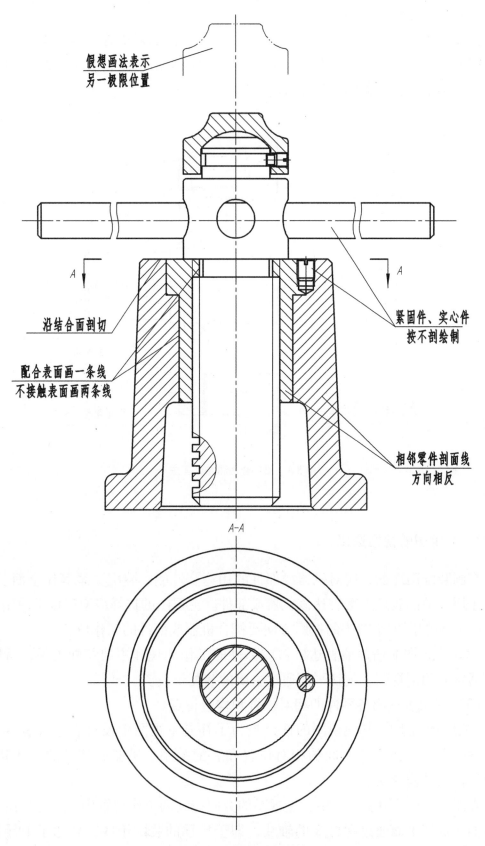

假想画法表示
另一极限位置

沿结合面剖切

配合表面画一条线
不接触表面画两条线

紧固件、实心件
按不剖绘制

相邻零件剖面线
方向相反

A—A

图 8-2　装配图的表达方法

（4）简化画法

在装配图中，零件的工艺结构如圆角、倒角、退刀槽等可以不画。对于若干相同的零件组，如螺栓连接等，可以只详细地画出一组，其余的只需用点画线表示其装配位置，如图8-3所示。

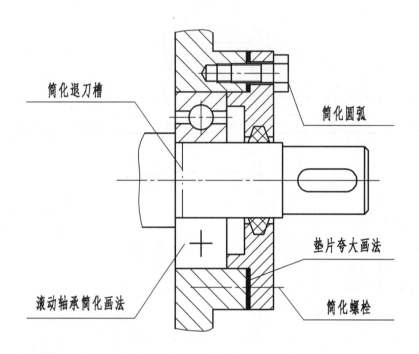

简化退刀槽

简化圆弧

垫片夸大画法

滚动轴承简化画法

简化螺栓

图8-3　简化画法和夸大画法

### 8.2.3　装配图的视图选择

在画装配图之前，应对机器或部件的用途、性能、装配关系等作全面了解，以便于用合适的表达方案表达该机器或部件。主视图的选择应遵守以下原则：

（1）装配图中主视图的投影方向要符合机器或部件的工作位置。

（2）主视图能清楚地表达机器或部件的工作原理和主要装配关系，所以主视图通常采用剖视图，剖切平面通过主要的装配干线。

（3）尽量表达出各零件的相对位置和构造特点。

主视图确定后，其他视图的选择是为了补充主视图中没有表达或表达得不很清楚的内容。如零件之间的相对位置和装配关系、机器或部件的工作状况、主要零件的结构形状等。

在图8-1千斤顶装配图中，主视图的方向按它的工作位置确定，并采用了全剖视图，剖切平面通过螺杆2的轴线，即千斤顶的装配干线，表达了千斤顶的工作原理。同时反映了底座 1 与螺套 3、螺套 3 与螺杆 2、螺杆 2 与顶垫 7 等的装配关系以及各螺钉的连接。主视图还表达了螺杆 2 等主要零件的形状结构。

## §8.3　装配图的尺寸和技术要求

### 8.3.1　装配图的尺寸

装配图与零件图的作用不同，不需要标注出零件的所有尺寸。装配图中所要标注的尺寸主要包括以下五个方面：

（1）特征尺寸（规格尺寸）

表示机器或部件规格的尺寸。如图 8-1 中的螺杆直径 $\phi50$。

（2）装配尺寸

装配尺寸包括表示零件之间配合关系的配合尺寸；装配时需要保证的零件之间较重要距离的相对位置尺寸；某些零件需要装配后再加工的尺寸。如图 8-1 中尺寸 $\phi65H8/k7$ 表示螺套与底座的配合尺寸。

（3）安装尺寸

机器或部件在安装时所需要的尺寸。

（4）外形尺寸

表示机器或部件外形轮廓的总长、总宽和总高，如图 8-1 中的 $\phi150$、220。该类尺寸为包装、运输及安装等提供依据。

（5）其他重要尺寸

除上述尺寸以外，在设计或装配时需要保证的尺寸。如图 8-1 中的极限高度 272。

在装配图的尺寸中，有些尺寸可能兼有两种或两种以上性质。另外，并不是每张装配图都必须具有以上五类尺寸，要根据具体情况而定。

### 8.3.2　装配图的技术要求

在装配图上，除了用规定的代号、符号（如公差配合代号）外，还用文字表示技术要求。技术要求所包括的内容有以下四个方面：

（1）机器或部件在装配时的特殊要求和注意事项，如对间隙、过盈及个别结构要素的特殊要求。

（2）机器或部件在调试、检验、验收等方面的要求，如对校准、调试及密封的要求。

（3）机器或部件在性能、使用、维护等方面的要求，如噪声、耐振性、安全的要求。

（4）机器或部件在安装、包装、运输等方面的特殊要求。

在对装配体提出技术要求时，上述四个方面并非都是必备的，应根据表达对象的具体情况提出必要的技术要求。

## §8.4　装配图的零部件序号和零件明细栏

为了方便读图、图纸管理以及生产的准备，对装配图中的每一个零、部件都必须编写序号，并在标题栏的上方填写与图中序号一致的明细栏（明细表），或另附明细表。

### 8.4.1　装配图的零部件序号

在装配图中，每一个零、部件都必须编写序号，在被标注的零、部件投影上画一圆点，引出指引线（细实线），在指引线另一端画一水平线或圆（都为细实线），并在水平线上或圆内写上序号，也可以直接在指引线另一端写序号，如图8-4所示。序号字高比装配图中尺寸数字的高度大一号或两号。对很薄的零件或涂黑的剖面，可在指引线末端画一箭头，指向该部分轮廓，如图8-5所示。在编写序号时需要注意以下几点：

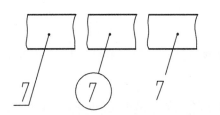 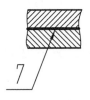

图8-4　序号组成形式　　　　　图8-5　指引线末端的形式

（1）装配图中相同的零件，无论件数有多少，只编一个号，不能重复。

（2）指引线不能相交，当通过剖面区域时，不应与剖面线平行。必要时指引线可以折一次，如图8-6所示。

（3）序号应注在视图外面，按照水平或垂直方向排列整齐，并按顺时针或逆时针方向编写序号。

（4）对于一组紧固件或装配关系清楚的零件组，可采用公共指引线，如图8-7所示。

（5）对于标准化的组件，如滚动轴承、电动机等，在装配图上只注一个序号。

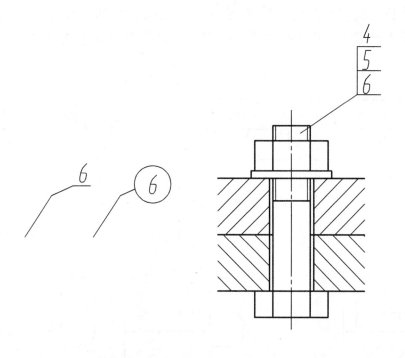

图 8-6　指引线的画法　　　　　　　　图 8-7　公共指引线

## 8.4.2　装配图的明细栏

明细栏画在标题栏的上方，在明细栏中应列出全部零件的详细目录。零、部件的序号应由下而上填写。如果位置不够，可将明细栏分段画在标题栏的左方。在特殊情况下，装配图中可不画明细栏，而单独写一张明细表。标准明细栏的格式和尺寸见图 8-8，实际使用时可适当简化。

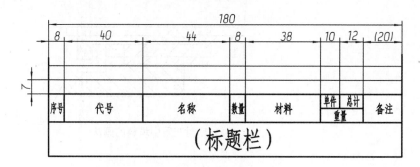

图 8-8　标准明细栏格式

# §8.5　装配工艺结构简介

在设计和绘制装配图时，应考虑零部件之间合理的装配方式，以保证装配精度，降低生产成本。图 8-9 列举了一些常见的装配结构合理性的例子，供绘图时参考。

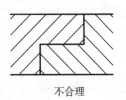
不合理

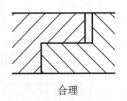
合理

不合理

合理

(a) 两零件在同一方向只能有一对接触面

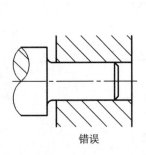
错误

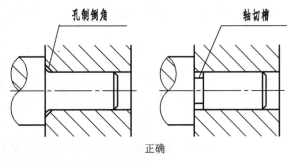
孔制倒角　　　　　轴切槽

正确

(b) 孔与轴端面接触处拐角的结构

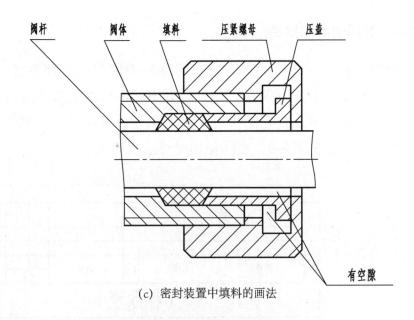
阀杆　　　阀体　　　填料　　　压紧螺母　　　压盖

有空隙

(c) 密封装置中填料的画法

图 8-9　装配结构合理性

# 第9章　计算机绘图简介

## §9.1　CAD 绘图软件应用现状

CAD 是计算机辅助设计（Computer Aided Design）的简称，该技术起步于20 世纪 50 年代后期，随着技术的发展，CAD 系统介入产品设计过程的程度越来越深，系统功能也越来越强大。目前在工业工程设计领域，计算机辅助设计（CAD）、计算机辅助工程（CAE）及计算机辅助制造（CAM）这三大计算机辅助模块已变得不可或缺。

在机械设计与制造领域，Autodesk 公司的 AutoCAD 是使用较广泛的二维CAD 系统，这款软件开发于 1982 年，用于二维绘图、详细绘制、设计文档和基本三维设计，现已经成为国际上广为流行的绘图工具。而在我国，CAXA、中望、浩辰等符合我国国家制图标准的国产 CAD 系统也得到了相当广泛的应用。

相比于二维 CAD 软件，三维 CAD 具有强大的优势及更广泛的应用，主要原因如下：

（1）三维 CAD 具有上手快、立体感强的优点，所见即所得，不再受限于设计者的立体想象能力。

（2）三维 CAD 普遍采用了几何定义及参数化设计，对模型的修改也更加方便、快速、简单。

（3）三维 CAD 在设计装配件时，其装配的过程更轻松，且易于进行设计检查，防止结构干涉等问题的发生；同时，装配后的模型可以很方便地进行运动效果的观阅，检查设计的合理性。

（4）三维 CAD 系统一般均可与 CAE/CAM 系统相互结合，实现对模型的固有属性、力学、运动学等性能参数进行分析，并实现零部件数控加工方案的定制，大大地缩短了产品的设计和生产周期。

（5）三维 CAD 具有更好的交互性，在网页三维技术的支持下，即使对方没有安装庞大的三维 CAD 系统，客户仅仅通过浏览器即可看到所需要的模型，并与设计者进行进一步的交流；一些模块化产品的生产商，甚至可以在网页上将三维模型进行发布，以供客户下载并进行选型。

目前，在工业工程设计领域常见的三维 CAD 软件如表 9-1 所示。

表 9-1 工业工程设计领域常见三维 CAD 设计软件

| 软件名称 | 开发商 | 软件简介 |
|---|---|---|
| CATIA | Dassault | CATIA 源于航空航天业，主要应用于航空航天、汽车、船舶等行业，曲面建模能力强大，用户包括波音、克莱斯勒、宝马、奔驰等一大批知名企业。波音飞机公司曾使用 CATIA 完成了整个波音 777 的电子装配，创造了业界的一个奇迹，从而也确定了 CATIA 在 CAD/CAE/CAM 行业内的领先地位。 |
| Siemens NX（Unigraphics NX） | Siemens | UG NX 具有出色的机械设计和制图功能，为制造设计提供了高性能和灵活性；其 CNC 加工模块可按用户需求定义标准化刀具库、加工工艺参数样板库，使初加工、半精加工、精加工等操作常用参数标准化，以减少使用培训时间并优化加工工艺；强大的模具设计模块配有常用的模架库和标准件，用户可以根据自己的需要方便地进行调用，还可以进行标准件的自我开发，很大程度上提高了模具设计效率 |
| Creo（Pro/Engineer） | PTC | Creo 是整合了 PTC 公司三个软件（Pro/Engineer、CoCreate 和 ProductView）的新型 CAD 设计软件包，是 PTC 公司闪电计划所推出的第一个产品。其前身 Pro/Engineer 是第一个提出参数化设计概念的三维 CAD 软件，它采用模块化方式，可以分别进行草图绘制、零件制作、装配设计、钣金设计、加工处理等，保证用户可以按照自己的需要进行选择使用，而不必安装所有模块。Pro/Engineer 的基于特征方式能够将设计至生产全过程集成到一起，实现并行工程设计。它不但可以应用于工作站，而且可以应用到单机上，因此受到了很多企业的欢迎 |
| SolidWorks | Dassault | SolidWorks 软件是世界上第一个基于 Windows 开发的三维 CAD 系统，SolidWorks 遵循易用、稳定和创新三大原则，设计师大大缩短了设计时间，使产品快速、高效地投向市场。由于使用了 Windows OLE 技术、直观式设计技术、先进的 parasolid 内核（由剑桥提供）以及良好的与第三方软件的集成技术，SolidWorks 成为全球装机量最大、最好用的三维工程设计软件 |
| Solid Edge | Siemens | Solid Edge 是西门子的两大 CAD 产品之一，主要面向中端市场，它充分利用了 Windows 基于组件对象模型（COM）的先进技术重写代码，使得习惯使用 Windows 软件的用户倍感亲切。Solid Edge 与 Microsoft Office 以及 Windows OLE 技术兼容，使得设计师在使用 CAD 系统时，能够进行 Windows 下的文字处理、电子报表、数据库、演示和电子邮件包等，也能与其他 OLE 兼容系统集成 |
| Inventor | Autodesk | Inventor 是美国 Autodesk 公司推出的一款三维可视化实体模拟软件 Autodesk Inventor Professional（AIP），其中包括 Autodesk Inventor 三维设计软件；基于 AutoCAD 平台开发的二维机械制图和详图软件 AutoCAD Mechanical；还加入了用于缆线和束线设计、管道设计及 PCB IDF 文件输入的专业功能模块，并加入了由业界领先的 ANSYS 技术支持的 FEA 功能，可以直接在 Autodesk Inventor 软件中进行应力分析 |

不同的计算机绘图软件具有不同的优势，因此可根据实际的设计环节进行选用。然而，就基础的三维建模构型功能而言，这些软件大多具有相似的功能，因此在基本构型阶段，应该更多考虑模型的构型方式，然后选用合适的构型功能完成模型的构型。

## §9.2　CAD 建模原理概述

对于几乎所有的三维实体而言，如果使用一些假想面将其进行剖切，在每一个剖切面上均可获得一些二维的图形；反之，如果已经具有足够多的平面二维图形，再将这些截面按一定规律进行堆积，又可获得一个对应的三维实体（如图9-1所示）。目前，较为流行的 FDM 桌面式 3D 打印机便是采用这种原理构件模型的。

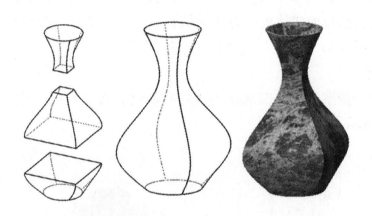

**图 9-1　实体成型过程示意**

在实体建模过程中，这种原理也是适用的，即将二维平面图形按一定规律进行第三维度的扩展变化，形成所需的实体结构。这些二维平面图形在三维 CAD 软件中多用草图、草绘、Sketch 等描述，绘制这些草图的平面称为基准面，可通过建模系统中的原始基准面及坐标原点进行建立。

根据这些草图的成型规律，基本的几何形体大致可分为以下几类：

（1）拉伸

当使用一个草图沿直线轨迹进行扫掠时，所获得的三维实体为拉伸实体。该轨迹直线可垂直于草图平面，也可与草图平面倾斜（如图9-2所示）。

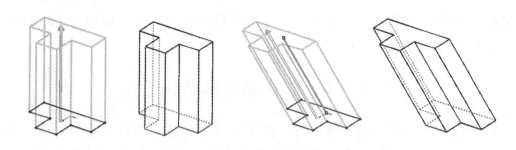

图 9-2　拉伸成型实体

这类拉伸实体的特点为在实体上沿拉伸直线方向以平行截面截取的截面轮廓均完全相同，且在实体中可见一组平行的棱线或轮廓素线。这些平行棱线的方向也可作为判断拉伸实体成型方向的依据。在三维 CAD 软件中，形成拉伸实体的操作大多被称为"拉伸"或"拉伸基体/凸台"。

（2）旋转

当使用一个草图沿圆或圆弧轨迹进行扫掠时，所获得的三维实体为旋转实体（如图 9-3 所示）。

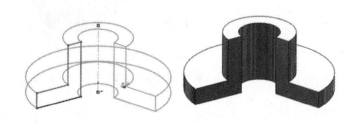

图 9-3　旋转成型实体

每个旋转实体均拥有一条假想的轴线即旋转轴，该轴线过旋转轮廓圆的圆心，且垂直于该旋转轮廓圆所在平面。在三维 CAD 中，形成旋转实体的操作称为"旋转"或"旋转基体/凸台"，该操作多以旋转轴线作为建模特征的定义对象。

（3）扫描/扫掠

与拉伸实体与旋转实体类似，扫描实体也可以通过一个平面草图（扫描轮廓)进行定义，只是该草图的运动轨迹显得更灵活，既可以是一条开放的样条曲线，也可以是闭合的环状线。这些线在 CAD 系统中通常称为"路径"（如图 9-4 所示）。显然，拉伸与旋转实体也可视为扫描实体中的特殊形式。

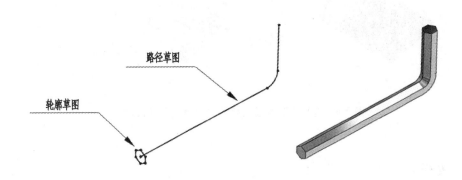

图 9-4　扫描成型实体

然而，并不是任意的草图加上扫描路径一定能获得完美的扫描实体模型，很多时候扫描的成功与否还与形体的曲率相关，不合适的曲率易造成实体扫描过程的自相交(如图 9-5 所示)。

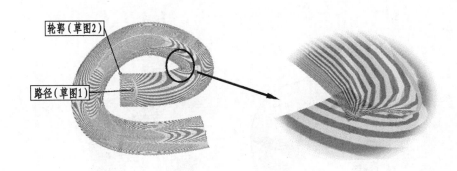

图 9-5　自相交导致扫描失败

在一些三维建模软件中，通过扫描引导线的引入，可使扫描操作实现截面草图参数的变化，获得一些具有相似形截面的扫描实体(如图 9-6 所示)。

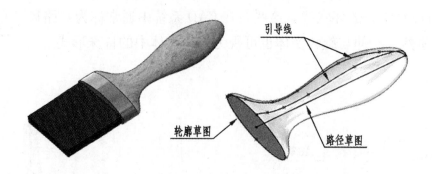

图 9-6　使用带引导线的扫描操作建立刷柄模型

（4）放样

放样是将多个截面草图作为沿某个路径的剖面，而形成复杂的多截面三维实体的操作。在放样实体同一路径上可在不同的段给予不同的形体，从而产生更丰富的变化（如图 9-7 所示）。

相比于拉伸、旋转与扫描，放样的通用性最佳，几乎适用于任意三维实体，但实体成型精度一定程度上取决于草图的数量与精度，因此放样操作在建模过程中所需包含的草图数量往往是最多的。

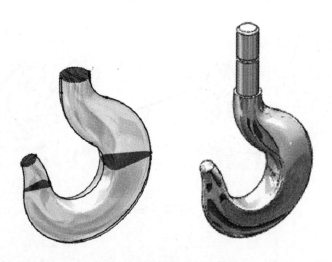

图 9-7　多截面放样成型吊钩实体

在不同的 CAD 系统中，放样操作可能具有其他不同的功能名称，如"直纹""可变截面扫描"等。

除了上述通过二维草图成型实体的方法外，部分三维建模软件也提供了曲面成型实体的方法。该方法适用一些具有较复杂的曲面实体，可先通过分别建立其各个曲面，并使各个曲面包络成为一个封闭的空间，然后对这个空间进行实体填充，获得最后实体模型（图9-8）。

**图 9-8　使用曲面成型实体**

有些三维几何形体（如圆柱体）可通过多种不同的构型方法得到（图9-9），这时在处理实体时还应该根据模型实际的加工需要选择合适的建模方法，比如轴类零件主要由圆柱体结构组成，但由于多数的轴类零件均在车床上以旋转方式切削加工，因此建模时建议选择以旋转特征为主，以便于模型的修改以及图纸的绘制。

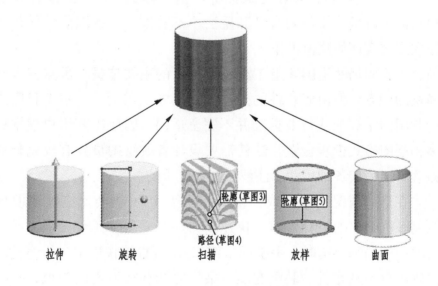

**图 9-9　组合体的不同建模过程**

　　对于由多种基本几何体构成的组合体，可以先对其进行形体分析，将其拆解为一些容易获得的形体，然后通过实体集合的"并""交""差"运算，建立最终的模型（可参考本书第三章及第四章）。在建模的过程中，不同的设计者对于模型形体特征的分解习惯也会导致建模的过程存在一定的差异（如图 9-10 所示）。一个熟练的设计者往往能采用更合理的设计思路，使建模的步骤更少，从而达到更高的效率。

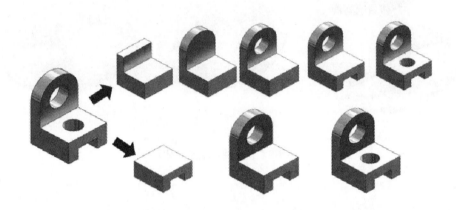

**图 9-10　组合体的不同建模过程**

　　由于实体集合运算在操作上较为繁琐，大部分的建模软件已将各种实体运算进行分类和整合，形成一些特定的特征功能，如"组合""切除""倒角""阵列"等，并将这些特征集设计成图标和窗口形式，统一封装在特征工具库中，用户只需了解每一特征的含义和用法，不需深入了解图形软件包的内部结构就能完成三维实体的建模工作。

　　目前，工程图仍然是国际上工程设计加工的主要依据。虽然三维建模软件具有建模快的特点，但由于软件的开发商以国外公司为主，对于我国或一些其他国家的制图国家标准或行业标准并不完全适用，因此需要用户根据标准的要求做较多的制图格式模板设置。这就需要设计者或绘图员具有较完善的工程制图标准概念，以完成各种尺寸、注解及技术要求的标注。

　　另外，在某些情况下手绘或二维 CAD 图纸仍可能会比三维建模显得更高效，如绘制一些简化的设计方案、快速获得一些简要加工件图纸，或是表达一些复杂装配中的局部结构时，手绘或二维 CAD 可直接快速地进行表达。而三维建模软件则不得不从零件、装配起步，最后才能获得所需的图纸，有时其工作量可能是手绘或二维 CAD 的两倍。此外，三维 CAD 对计算机硬件较高的系统要求以及较昂贵的价格，也使得一些小型企业或私人设计师望而却步。

因此，在工程制图的学习过程中，手绘及二维 CAD 制图仍然是大部分院校采用的手段，通过手绘的学习，能更好地领悟视图表达、尺寸、注解、图线、字体字高等国家标准的精髓，也能为后续三维 CAD 软件的学习打下良好的基础。

## §9.3　CAD 建模举例——三元子泵

三元子泵是一种液压泵，该泵的泵体被衬套、大滑块和小滑块分隔成进、出两个腔室，其转子轴的一端开有滑槽，泵体的另一端装有偏心轴，在偏心作用下使其中的小滑块和大滑块之间形成位移，令其中一个腔室体积增大，另一个腔室体积缩小，形成压差，实现对油液的输送作用。其零件组成如图 9-11 所示。

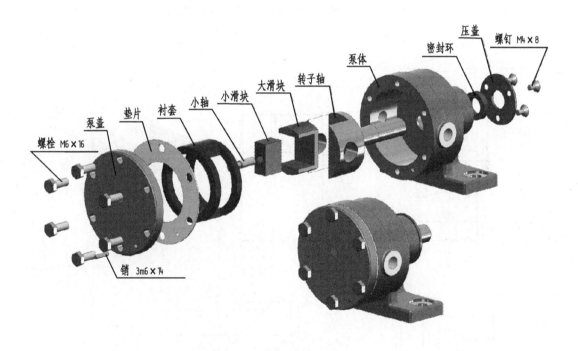

图 9-11　三元子泵的零件组成

三元子泵由多种不同类型的零件构成，其中包括轴套类零件（转子轴、衬套等）、盘盖类零件（泵盖、压盖等）、箱体类零件（泵体）、标准件（螺栓等）等构成，不同类型零件的建模步骤有所不同。本节以三元子泵为例，介绍常见零件建模的一般步骤及方法（本节所使用建模软件为 SolidWorks）。

### 9.3.1　轴套类零件建模的一般方法——转子轴

　　轴套类零件的共同特点是拥有一条主要的中心轴线，其主体形状为回转体，因此在建模时，其主要的建模特征为旋转特征。先做出毛坯结构回转体，然后使用切除的方法获得零件上的孔槽结构。

　　图 9-12 为转子轴的零件图，从主视图中可见，其右侧传动部分为阶梯轴结构，左侧为圆盘结构，中间开有油孔和滑槽。圆盘和阶梯轴连接处设计有砂轮越程槽。

　　建立该模型时，首先可选择转子轴轴线所在平面绘制旋转轮廓草图，草图的形式可参考主视图的外轮廓。由于砂轮越程槽也属于旋转结构，因此可在旋转草图中一并绘制出，然后通过软件的尺寸与几何关系定义功能对草图进行定义约束，通过旋转特征获得主体结构，如图 9-13 所示。

　　完成主体结构后，利用过轴线的基准面分别绘制油孔及滑槽的轮廓草图，使用拉伸切除特征完成这两种特征的建立，如图 9-14 所示。

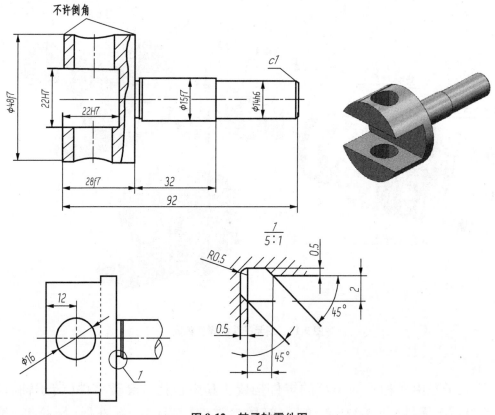

**图 9-12　转子轴零件图**

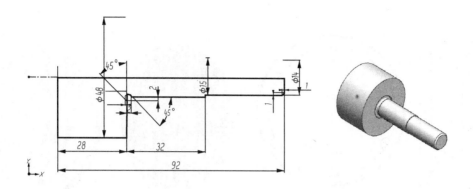

图 9-13　转子轴主体的草图及旋转特征建立

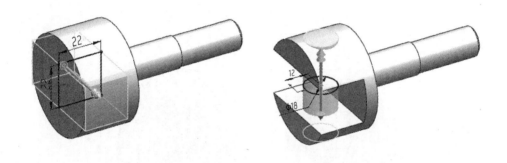

图 9-14　转子轴油孔及滑槽特征的建立

## 9.3.2　盘盖类零件建模的一般方法——泵盖

　　盘盖类零件可分为一般形状盘盖和车削型盘盖两种类型。一般形状的盘盖可先按毛坯结构使用基体拉伸形成主体，再使用切除的方式形成各种孔、槽及安装平面；车削型盘盖的建模方法与轴套类零件较为类似，先通过旋转特征获得主体轮廓，再使用切除特征获得孔槽结构。

　　本例中的泵盖属于车削类盘盖零件，其结构如图 9-15 所示，由主体的旋转结构和端面上的安装孔、销孔及偏心轴孔组成。因此可先绘制其主体旋转草图建立旋转特征(图 9-16)，再对端面使用孔特征进行圆周阵列(图 9-17)，最后完成偏心轴孔及销孔的切除操作。

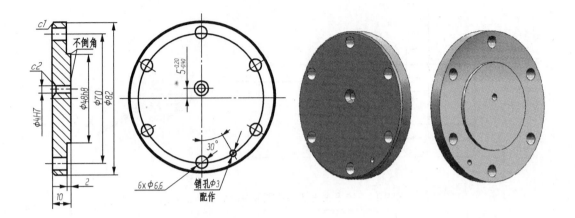

图 9-15　泵盖零件图

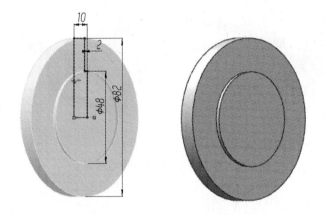

图 9-16　泵盖主体的草图及旋转特征的建立

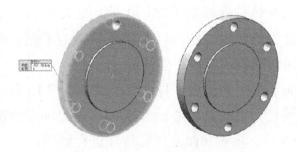

图 9-17　泵盖端面阵列孔特征的建立

### 9.3.3　箱体类零件建模的一般方法——泵体

箱体类零件的结构主要包括为主体、凸台、肋板及腔体，其中腔体在建模中往往是较难处理的。因此为了使腔体特征在建立时避免与其他特征产生干涉，一般建议首先将箱体的主体及凸台等结构完全建立后，再将箱体上的腔、孔、槽等结构建立出来，以避免后续发生"打补丁"的操作。

图 9-18 为泵体的零件图。该泵体的主体结构为一多阶圆柱体外壳与一长方体底座，经 T 字形肋板连接而成，因而可先通过旋转特征建立圆柱体壳体(图 9-19a)，使用拉伸特征建立长方体底座(图 9-19b)。在处理肋板时，可先采用拉伸特征建立 T 字形肋板中纵向结构较简单的横肋板(图 9-19c)，再使用筋板特征完成形态更复杂的纵肋板结构(图 9-19d)。

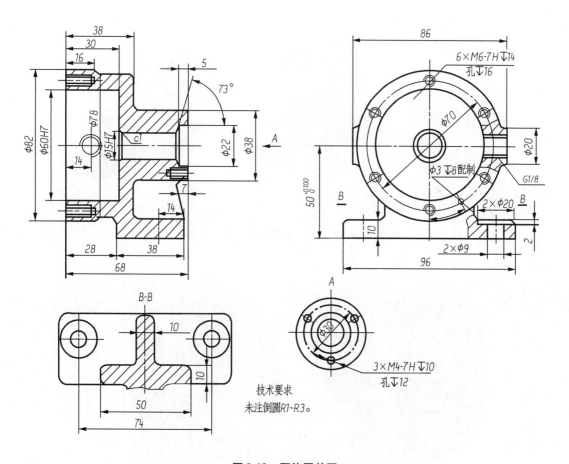

**图 9-18　泵体零件图**

完成了主体结构后，使用拉伸特征建立左右进出油口安装凸台(图 9-19e)。由于尚未进行腔孔特征的建立，因此该凸台在与原实体进行融合时也较为容易。

当外部特征结构完成后，绘制内腔结构旋转草图，采用旋转切除特征获得复杂的内腔（图9-20）。

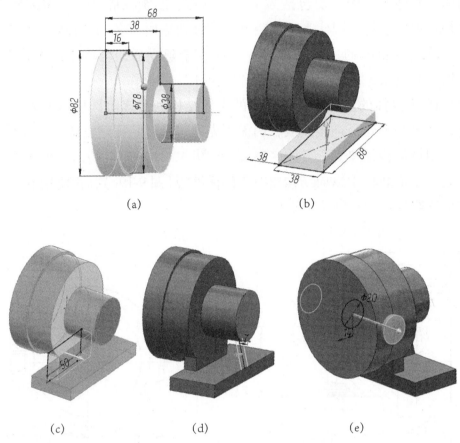

(a)　　　　　　　　　　　　　(b)

(c)　　　　　　(d)　　　　　　(e)

**图9-19　泵体主体结构建模顺序示意图**

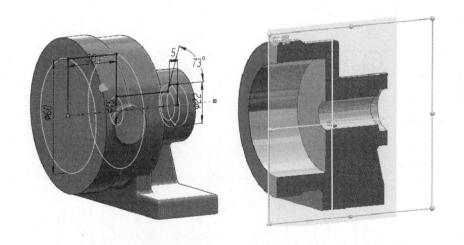

**图9-20　泵体内腔旋转切除**

最后，根据图纸建立各种类型的孔特征，包括左端面 $M6$ 阵列螺纹孔、定位销孔，右端面的 $M4$ 阵列螺纹孔，底座上 $\phi 9$ 带 $\phi 20$ 锪平平面的台阶孔，以及两侧进出油凸台处的 $G1/8$ 管螺纹孔并按图纸要求添加圆倒角，完成泵体的建模（图 9-21）。

**图 9-21　各种孔特征的建立**

### 9.3.4　三元子泵的装配

三维 CAD 软件中的装配过程与真实的零件装配有相似的地方，但也有很大的不同。在一个装配体文件中，零件相对于装配空间或者零件相对于另一零件的位置关系是通过相对的几何关系确定的，这些几何关系称为配合特征，在 SolidWorks 的"配合"功能中，较常使用的基本配合有"重合""平行""垂直""相切""同轴心""锁定"等。配合时应分别选择装配零件及其配合基准，必要时草图、参考几何体等均可成为配合的基准。

图 9-22 为三元子泵的装配工程图，根据装配图获得的最终装配效果如图 9-23 所示。

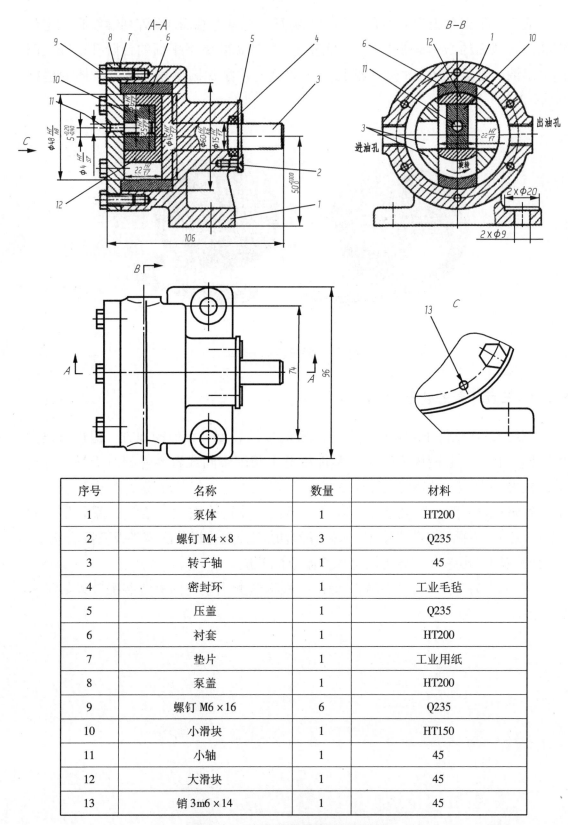

| 序号 | 名称 | 数量 | 材料 |
|------|------|------|------|
| 1 | 泵体 | 1 | HT200 |
| 2 | 螺钉 M4×8 | 3 | Q235 |
| 3 | 转子轴 | 1 | 45 |
| 4 | 密封环 | 1 | 工业毛毡 |
| 5 | 压盖 | 1 | Q235 |
| 6 | 衬套 | 1 | HT200 |
| 7 | 垫片 | 1 | 工业用纸 |
| 8 | 泵盖 | 1 | HT200 |
| 9 | 螺钉 M6×16 | 6 | Q235 |
| 10 | 小滑块 | 1 | HT150 |
| 11 | 小轴 | 1 | 45 |
| 12 | 大滑块 | 1 | 45 |
| 13 | 销 3m6×14 | 1 | 45 |

图9-22　三元子泵装配图及材料明细表

图 9-23　三元子泵装配效果图（泵体及泵盖已透明化处理）

# 附录 A　轴和孔的极限偏差数值

表1　常用及优先用途轴的极限偏差

| 公称尺寸/mm 大于 | 至 | a 11 | b 11 | b 12 | c 9 | c 10 | c ⑪ | d 8 | d ⑨ | d 10 | d 11 | e 7 | e 8 | e 9 |
|---|---|---|---|---|---|---|---|---|---|---|---|---|---|---|
| — | 3 | −270<br>−330 | −140<br>−200 | −140<br>−240 | −60<br>−85 | −60<br>−100 | −60<br>−120 | −20<br>−34 | −20<br>−45 | −20<br>−60 | −20<br>−80 | −14<br>−24 | −14<br>−28 | −14<br>−39 |
| 3 | 6 | −270<br>−345 | −140<br>−215 | −140<br>−260 | −70<br>−100 | −70<br>−118 | −70<br>−145 | −30<br>−48 | −30<br>−60 | −30<br>−78 | −30<br>−105 | −20<br>−32 | −20<br>−38 | −20<br>−50 |
| 6 | 10 | −280<br>−370 | −150<br>−240 | −150<br>−300 | −80<br>−116 | −80<br>−138 | −80<br>−170 | −40<br>−62 | −40<br>−76 | −40<br>−98 | −40<br>−130 | −25<br>−40 | −25<br>−47 | −25<br>−61 |
| 10 | 14 | −290<br>−400 | −150<br>−260 | −150<br>−330 | −95<br>−138 | −95<br>−165 | −95<br>−205 | −50<br>−77 | −50<br>−93 | −50<br>−120 | −50<br>−160 | −32<br>−50 | −32<br>−59 | −32<br>−75 |
| 14 | 18 | | | | | | | | | | | | | |
| 18 | 24 | −300<br>−430 | −160<br>−290 | −160<br>−370 | −110<br>−162 | −110<br>−194 | −110<br>−240 | −65<br>−98 | −65<br>−117 | −65<br>−149 | −65<br>−195 | −40<br>−61 | −40<br>−73 | −40<br>−92 |
| 24 | 30 | | | | | | | | | | | | | |
| 30 | 40 | −310<br>−470 | −170<br>−330 | −170<br>−420 | −120<br>−182 | −120<br>−220 | −120<br>−280 | −80<br>−119 | −80<br>−142 | −80<br>−180 | −80<br>−240 | −50<br>−75 | −50<br>−89 | −50<br>−112 |
| 40 | 50 | −320<br>−480 | −180<br>−340 | −180<br>−430 | −130<br>−192 | −130<br>−230 | −130<br>−290 | | | | | | | |
| 50 | 65 | −340<br>−530 | −190<br>−380 | −190<br>−490 | −140<br>−214 | −140<br>−260 | −140<br>−330 | −100<br>−146 | −100<br>−174 | −100<br>−220 | −100<br>−290 | −60<br>−90 | −60<br>−106 | −60<br>−134 |
| 65 | 80 | −360<br>−550 | −200<br>−390 | −200<br>−500 | −150<br>−224 | −150<br>−270 | −150<br>−340 | | | | | | | |
| 80 | 100 | −380<br>−600 | −220<br>−440 | −220<br>−570 | −170<br>−257 | −170<br>−310 | −170<br>−390 | −120<br>−174 | −120<br>−207 | −120<br>−260 | −120<br>−340 | −72<br>−107 | −72<br>−126 | −72<br>−159 |
| 100 | 120 | −410<br>−630 | −240<br>−460 | −240<br>−590 | −180<br>−267 | −180<br>−320 | −180<br>−400 | | | | | | | |
| 120 | 140 | −460<br>−710 | −260<br>−510 | −260<br>−660 | −200<br>−300 | −200<br>−360 | −200<br>−450 | −145<br>−208 | −145<br>−245 | −145<br>−305 | −145<br>−395 | −85<br>−125 | −85<br>−148 | −85<br>−185 |
| 140 | 160 | −520<br>−770 | −280<br>−530 | −280<br>−680 | −210<br>−310 | −210<br>−370 | −210<br>−460 | | | | | | | |
| 160 | 180 | −580<br>−830 | −310<br>−560 | −310<br>−710 | −230<br>−330 | −230<br>−390 | −230<br>−480 | | | | | | | |
| 180 | 200 | −660<br>−950 | −340<br>−630 | −340<br>−800 | −240<br>−355 | −240<br>−425 | −240<br>−530 | −170<br>−242 | −170<br>−285 | −170<br>−355 | −170<br>−460 | −100<br>−146 | −100<br>−172 | −100<br>−215 |
| 200 | 225 | −740<br>−1030 | −380<br>−670 | −380<br>−840 | −260<br>−375 | −260<br>−445 | −260<br>−550 | | | | | | | |
| 225 | 250 | −820<br>−1110 | −420<br>−710 | −420<br>−880 | −280<br>−395 | −280<br>−465 | −280<br>−570 | | | | | | | |
| 250 | 280 | −920<br>−1240 | −480<br>−800 | −480<br>−1000 | −300<br>−430 | −300<br>−510 | −300<br>−620 | −190<br>−271 | −190<br>−320 | −190<br>−400 | −190<br>−510 | −110<br>−162 | −110<br>−191 | −110<br>−240 |
| 280 | 315 | −1050<br>−1370 | −540<br>−860 | −540<br>−1060 | −330<br>−460 | −330<br>−540 | −330<br>−650 | | | | | | | |
| 315 | 355 | −1200<br>−1560 | −600<br>−960 | −600<br>−1170 | −360<br>−500 | −360<br>−590 | −360<br>−720 | −210<br>−299 | −210<br>−350 | −210<br>−440 | −210<br>−570 | −125<br>−182 | −125<br>−214 | −125<br>−265 |
| 355 | 400 | −1350<br>−1710 | −680<br>−1040 | −680<br>−1250 | −400<br>−540 | −400<br>−630 | −400<br>−760 | | | | | | | |
| 400 | 450 | −1500<br>−1900 | −760<br>−1160 | −760<br>−1390 | −440<br>−595 | −440<br>−690 | −440<br>−840 | −230<br>−327 | −230<br>−385 | −230<br>−480 | −230<br>−630 | −135<br>−198 | −135<br>−232 | −135<br>−290 |
| 450 | 500 | −1650<br>−2050 | −840<br>−1240 | −840<br>−1470 | −480<br>−635 | −480<br>−730 | −480<br>−880 | | | | | | | |

**(GB/T1800.4—1999)**(尺寸至 500 mm)　　　　　　　　单位:$\mu m\left(\dfrac{1}{1000}\ mm\right)$

（带 圈 者 为 优 先 公 差 带）

| f | | | | | g | | | h | | | | | | | |
|---|---|---|---|---|---|---|---|---|---|---|---|---|---|---|---|
| 5 | 6 | ⑦ | 8 | 9 | 5 | ⑥ | 7 | 5 | ⑥ | ⑦ | 8 | ⑨ | 10 | ⑪ | 12 |
| −6<br>−10 | −6<br>−12 | −6<br>−16 | −6<br>−20 | −6<br>−31 | −2<br>−6 | −2<br>−8 | −2<br>−12 | 0<br>−4 | 0<br>−6 | 0<br>−10 | 0<br>−14 | 0<br>−25 | 0<br>−40 | 0<br>−60 | 0<br>−100 |
| −10<br>−15 | −10<br>−18 | −10<br>−22 | −10<br>−28 | −10<br>−40 | −4<br>−9 | −4<br>−12 | −4<br>−16 | 0<br>−5 | 0<br>−8 | 0<br>−12 | 0<br>−18 | 0<br>−30 | 0<br>−48 | 0<br>−75 | 0<br>−120 |
| −13<br>−19 | −13<br>−22 | −13<br>−28 | −13<br>−35 | −13<br>−49 | −5<br>−11 | −5<br>−14 | −5<br>−20 | 0<br>−6 | 0<br>−9 | 0<br>−15 | 0<br>−22 | 0<br>−36 | 0<br>−58 | 0<br>−90 | 0<br>−150 |
| −16<br>−24 | −16<br>−27 | −16<br>−34 | −16<br>−43 | −16<br>−59 | −6<br>−14 | −6<br>−17 | −6<br>−24 | 0<br>−8 | 0<br>−11 | 0<br>−18 | 0<br>−27 | 0<br>−43 | 0<br>−70 | 0<br>−110 | 0<br>−180 |
| −20<br>−29 | −20<br>−33 | −20<br>−41 | −20<br>−53 | −20<br>−72 | −7<br>−16 | −7<br>−20 | −7<br>−28 | 0<br>−9 | 0<br>−13 | 0<br>−21 | 0<br>−33 | 0<br>−52 | 0<br>−84 | 0<br>−130 | 0<br>−210 |
| −25<br>−36 | −25<br>−41 | −25<br>−50 | −25<br>−64 | −25<br>−87 | −9<br>−20 | −9<br>−25 | −9<br>−34 | 0<br>−11 | 0<br>−16 | 0<br>−25 | 0<br>−39 | 0<br>−62 | 0<br>−100 | 0<br>−160 | 0<br>−250 |
| −30<br>−43 | −30<br>−49 | −30<br>−60 | −30<br>−76 | −30<br>−104 | −10<br>−23 | −10<br>−29 | −10<br>−40 | 0<br>−13 | 0<br>−19 | 0<br>−30 | 0<br>−46 | 0<br>−74 | 0<br>−120 | 0<br>−190 | 0<br>−300 |
| −36<br>−51 | −36<br>−58 | −36<br>−71 | −36<br>−90 | −36<br>−123 | −12<br>−27 | −12<br>−34 | −12<br>−47 | 0<br>−15 | 0<br>−22 | 0<br>−35 | 0<br>−54 | 0<br>−87 | 0<br>−140 | 0<br>−220 | 0<br>−350 |
| −43<br>−61 | −43<br>−68 | −43<br>−83 | −43<br>−106 | −43<br>−143 | −14<br>−32 | −14<br>−39 | −14<br>−54 | 0<br>−18 | 0<br>−25 | 0<br>−40 | 0<br>−63 | 0<br>−100 | 0<br>−160 | 0<br>−250 | 0<br>−400 |
| −50<br>−70 | −50<br>−79 | −50<br>−96 | −50<br>−122 | −50<br>−165 | −15<br>−35 | −15<br>−44 | −15<br>−61 | 0<br>−20 | 0<br>−29 | 0<br>−46 | 0<br>−72 | 0<br>−115 | 0<br>−185 | 0<br>−290 | 0<br>−460 |
| −56<br>−79 | −56<br>−88 | −56<br>−108 | −56<br>−137 | −56<br>−186 | −17<br>−40 | −17<br>−49 | −17<br>−69 | 0<br>−23 | 0<br>−32 | 0<br>−52 | 0<br>−81 | 0<br>−130 | 0<br>−210 | 0<br>−320 | 0<br>−520 |
| −62<br>−87 | −62<br>−98 | −62<br>−119 | −62<br>−151 | −62<br>−202 | −18<br>−43 | −18<br>−54 | −18<br>−75 | 0<br>−25 | 0<br>−36 | 0<br>−57 | 0<br>−89 | 0<br>−140 | 0<br>−230 | 0<br>−360 | 0<br>−570 |
| −68<br>−95 | −68<br>−108 | −68<br>−131 | −68<br>−165 | −68<br>−223 | −20<br>−47 | −20<br>−60 | −20<br>−83 | 0<br>−27 | 0<br>−40 | 0<br>−63 | 0<br>−97 | 0<br>−155 | 0<br>−250 | 0<br>−400 | 0<br>−630 |

| 公称尺寸/mm | | 常用及优先公差带 | | | | | | | | | | | | | | | |
|---|---|---|---|---|---|---|---|---|---|---|---|---|---|---|---|---|---|
| | | js | | | k | | | m | | | n | | | p | | |
| 大于 | 至 | 5 | 6 | 7 | 5 | ⑥ | 7 | 5 | 6 | 7 | 5 | ⑥ | 7 | 5 | ⑥ | 7 |
| — | 3 | ±2 | ±3 | ±5 | +4 / 0 | +6 / 0 | +10 / 0 | +6 / +2 | +8 / +2 | +12 / +2 | +8 / +4 | +10 / +4 | +14 / +4 | +10 / +6 | +12 / +6 | +16 / +6 |
| 3 | 6 | ±2.5 | ±4 | ±6 | +6 / +1 | +9 / +1 | +13 / +1 | +9 / +4 | +12 / +4 | +16 / +4 | +13 / +8 | +16 / +8 | +20 / +8 | +17 / +12 | +20 / +12 | +24 / +12 |
| 6 | 10 | ±3 | ±4.5 | ±7 | +7 / +1 | +10 / +1 | +16 / +1 | +12 / +6 | +15 / +6 | +21 / +6 | +16 / +10 | +19 / +10 | +25 / +10 | +21 / +15 | +24 / +15 | +30 / +15 |
| 10 | 14 | ±4 | ±5.5 | ±9 | +9 / +1 | +12 / +1 | +19 / +1 | +15 / +7 | +18 / +7 | +25 / +7 | +20 / +12 | +23 / +12 | +30 / +12 | +26 / +18 | +29 / +18 | +36 / +18 |
| 14 | 18 | ±4 | ±5.5 | ±9 | +9 / +1 | +12 / +1 | +19 / +1 | +15 / +7 | +18 / +7 | +25 / +7 | +20 / +12 | +23 / +12 | +30 / +12 | +26 / +18 | +29 / +18 | +36 / +18 |
| 18 | 24 | ±4.5 | ±6.5 | ±10 | +11 / +2 | +15 / +2 | +23 / +2 | +17 / +8 | +21 / +8 | +29 / +8 | +24 / +15 | +28 / +15 | +36 / +15 | +31 / +22 | +35 / +22 | +43 / +22 |
| 24 | 30 | ±4.5 | ±6.5 | ±10 | +11 / +2 | +15 / +2 | +23 / +2 | +17 / +8 | +21 / +8 | +29 / +8 | +24 / +15 | +28 / +15 | +36 / +15 | +31 / +22 | +35 / +22 | +43 / +22 |
| 30 | 40 | ±5.5 | ±8 | ±12 | +13 / +2 | +18 / +2 | +27 / +2 | +20 / +9 | +25 / +9 | +34 / +9 | +28 / +17 | +33 / +17 | +42 / +17 | +37 / +26 | +42 / +26 | +51 / +26 |
| 40 | 50 | ±5.5 | ±8 | ±12 | +13 / +2 | +18 / +2 | +27 / +2 | +20 / +9 | +25 / +9 | +34 / +9 | +28 / +17 | +33 / +17 | +42 / +17 | +37 / +26 | +42 / +26 | +51 / +26 |
| 50 | 65 | ±6.5 | ±9.5 | ±15 | +15 / +2 | +21 / +2 | +32 / +2 | +24 / +11 | +30 / +11 | +41 / +11 | +33 / +20 | +39 / +20 | +50 / +20 | +45 / +32 | +51 / +32 | +62 / +32 |
| 65 | 80 | ±6.5 | ±9.5 | ±15 | +15 / +2 | +21 / +2 | +32 / +2 | +24 / +11 | +30 / +11 | +41 / +11 | +33 / +20 | +39 / +20 | +50 / +20 | +45 / +32 | +51 / +32 | +62 / +32 |
| 80 | 100 | ±7.5 | ±11 | ±17 | +18 / +3 | +25 / +3 | +38 / +3 | +28 / +13 | +35 / +13 | +48 / +13 | +38 / +23 | +45 / +23 | +58 / +23 | +52 / +37 | +59 / +37 | +72 / +37 |
| 100 | 120 | ±7.5 | ±11 | ±17 | +18 / +3 | +25 / +3 | +38 / +3 | +28 / +13 | +35 / +13 | +48 / +13 | +38 / +23 | +45 / +23 | +58 / +23 | +52 / +37 | +59 / +37 | +72 / +37 |
| 120 | 140 | ±9 | ±12.5 | ±20 | +21 / +3 | +28 / +3 | +43 / +3 | +33 / +15 | +40 / +15 | +55 / +15 | +45 / +27 | +52 / +27 | +67 / +27 | +61 / +43 | +68 / +43 | +83 / +43 |
| 140 | 160 | ±9 | ±12.5 | ±20 | +21 / +3 | +28 / +3 | +43 / +3 | +33 / +15 | +40 / +15 | +55 / +15 | +45 / +27 | +52 / +27 | +67 / +27 | +61 / +43 | +68 / +43 | +83 / +43 |
| 160 | 180 | ±9 | ±12.5 | ±20 | +21 / +3 | +28 / +3 | +43 / +3 | +33 / +15 | +40 / +15 | +55 / +15 | +45 / +27 | +52 / +27 | +67 / +27 | +61 / +43 | +68 / +43 | +83 / +43 |
| 180 | 200 | ±10 | ±14.5 | ±23 | +24 / +4 | +33 / +4 | +50 / +4 | +37 / +17 | +46 / +17 | +63 / +17 | +51 / +31 | +60 / +31 | +77 / +31 | +70 / +50 | +79 / +50 | +96 / +50 |
| 200 | 225 | ±10 | ±14.5 | ±23 | +24 / +4 | +33 / +4 | +50 / +4 | +37 / +17 | +46 / +17 | +63 / +17 | +51 / +31 | +60 / +31 | +77 / +31 | +70 / +50 | +79 / +50 | +96 / +50 |
| 225 | 250 | ±10 | ±14.5 | ±23 | +24 / +4 | +33 / +4 | +50 / +4 | +37 / +17 | +46 / +17 | +63 / +17 | +51 / +31 | +60 / +31 | +77 / +31 | +70 / +50 | +79 / +50 | +96 / +50 |
| 250 | 280 | ±11.5 | ±16 | ±26 | +27 / +4 | +36 / +4 | +56 / +4 | +43 / +20 | +52 / +20 | +72 / +20 | +57 / +34 | +66 / +34 | +86 / +34 | +79 / +56 | +88 / +56 | +108 / +56 |
| 280 | 315 | ±11.5 | ±16 | ±26 | +27 / +4 | +36 / +4 | +56 / +4 | +43 / +20 | +52 / +20 | +72 / +20 | +57 / +34 | +66 / +34 | +86 / +34 | +79 / +56 | +88 / +56 | +108 / +56 |
| 315 | 355 | ±12.5 | ±18 | ±28 | +29 / +4 | +40 / +4 | +61 / +4 | +46 / +21 | +57 / +21 | +78 / +21 | +62 / +37 | +73 / +37 | +94 / +37 | +87 / +62 | +98 / +62 | +119 / +62 |
| 355 | 400 | ±12.5 | ±18 | ±28 | +29 / +4 | +40 / +4 | +61 / +4 | +46 / +21 | +57 / +21 | +78 / +21 | +62 / +37 | +73 / +37 | +94 / +37 | +87 / +62 | +98 / +62 | +119 / +62 |
| 400 | 450 | ±13.5 | ±20 | ±31 | +32 / +5 | +45 / +5 | +68 / +5 | +50 / +23 | +63 / +23 | +86 / +23 | +67 / +40 | +80 / +40 | +103 / +40 | +95 / +68 | +108 / +68 | +131 / +68 |
| 450 | 500 | ±13.5 | ±20 | ±31 | +32 / +5 | +45 / +5 | +68 / +5 | +50 / +23 | +63 / +23 | +86 / +23 | +67 / +40 | +80 / +40 | +103 / +40 | +95 / +68 | +108 / +68 | +131 / +68 |

（带 圈 者 为 优 先 公 差 带）

| r | | | s | | | t | | | u | | v | x | y | z |
|---|---|---|---|---|---|---|---|---|---|---|---|---|---|---|
| 5 | 6 | 7 | 5 | ⑥ | 7 | 5 | 6 | 7 | ⑥ | 7 | 6 | 6 | 6 | 6 |
| +14/+10 | +16/+10 | +20/+10 | +18/+14 | +20/+14 | +24/+14 | — | — | — | +24/+18 | +28/+18 | — | +26/+20 | — | +32/+26 |
| +20/+15 | +23/+15 | +27/+15 | +24/+19 | +27/+19 | +31/+19 | — | — | — | +31/+23 | +35/+23 | — | +36/+28 | — | +43/+35 |
| +25/+19 | +28/+19 | +34/+19 | +29/+23 | +32/+23 | +38/+23 | — | — | — | +37/+28 | +43/+28 | — | +43/+34 | — | +51/+42 |
| +31/+23 | +34/+23 | +41/+23 | +36/+28 | +39/+28 | +46/+28 | — | — | — | +44/+33 | +51/+33 | — | +51/+40 | — | +61/+50 |
|  |  |  |  |  |  | — | — | — |  |  | +50/+39 | +56/+45 | — | +71/+60 |
| +37/+28 | +41/+28 | +49/+28 | +44/+35 | +48/+35 | +56/+35 | — | — | — | +54/+41 | +62/+41 | +60/+47 | +67/+54 | +76/+63 | +86/+73 |
|  |  |  |  |  |  | +50/+41 | +54/+41 | +62/+41 | +61/+48 | +69/+48 | +68/+55 | +77/+64 | +88/+75 | +101/+88 |
| +45/+34 | +50/+34 | +59/+34 | +54/+43 | +59/+43 | +68/+43 | +59/+48 | +64/+48 | +73/+48 | +76/+60 | +85/+60 | +84/+68 | +96/+80 | +110/+94 | +128/+112 |
|  |  |  |  |  |  | +65/+54 | +70/+54 | +79/+54 | +86/+70 | +95/+70 | +97/+81 | +113/+97 | +130/+114 | +152/+136 |
| +54/+41 | +60/+41 | +71/+41 | +66/+53 | +72/+53 | +83/+53 | +79/+66 | +85/+66 | +96/+66 | +106/+87 | +117/+87 | +121/+102 | +141/+122 | +163/+144 | +191/+172 |
| +56/+43 | +62/+43 | +73/+43 | +72/+59 | +78/+59 | +89/+59 | +88/+75 | +94/+75 | +105/+75 | +121/+102 | +132/+102 | +139/+120 | +165/+146 | +193/+174 | +229/+210 |
| +66/+51 | +73/+51 | +86/+51 | +86/+71 | +93/+71 | +106/+71 | +106/+91 | +113/+91 | +126/+91 | +146/+124 | +159/+124 | +168/+146 | +200/+178 | +236/+214 | +280/+258 |
| +69/+54 | +76/+54 | +89/+54 | +94/+79 | +101/+79 | +114/+79 | +119/+104 | +126/+104 | +139/+104 | +166/+144 | +179/+144 | +194/+172 | +232/+210 | +276/+254 | +332/+310 |
| +81/+63 | +88/+63 | +103/+63 | +110/+92 | +117/+92 | +132/+92 | +140/+122 | +147/+122 | +162/+122 | +195/+170 | +210/+170 | +227/+202 | +273/+248 | +325/+300 | +390/+365 |
| +83/+65 | +90/+65 | +105/+65 | +118/+100 | +125/+100 | +140/+100 | +152/+134 | +159/+134 | +174/+134 | +215/+190 | +230/+190 | +253/+228 | +305/+280 | +365/+340 | +440/+415 |
| +86/+68 | +93/+68 | +108/+68 | +126/+108 | +133/+108 | +148/+108 | +164/+146 | +171/+146 | +186/+146 | +235/+210 | +250/+210 | +277/+252 | +335/+310 | +405/+380 | +490/+465 |
| +97/+77 | +106/+77 | +123/+77 | +142/+122 | +151/+122 | +168/+122 | +186/+166 | +195/+166 | +212/+166 | +265/+236 | +282/+236 | +313/+284 | +379/+350 | +454/+425 | +549/+520 |
| +100/+80 | +109/+80 | +126/+80 | +150/+130 | +159/+130 | +176/+130 | +200/+180 | +209/+180 | +226/+180 | +287/+258 | +304/+258 | +339/+310 | +414/+385 | +499/+470 | +604/+575 |
| +104/+84 | +113/+84 | +130/+84 | +160/+140 | +169/+140 | +186/+140 | +216/+196 | +225/+196 | +242/+196 | +313/+284 | +330/+284 | +369/+340 | +454/+425 | +549/+520 | +669/+640 |
| +117/+94 | +126/+94 | +146/+94 | +181/+158 | +190/+158 | +210/+158 | +241/+218 | +250/+218 | +270/+218 | +347/+315 | +367/+315 | +417/+385 | +507/+475 | +612/+580 | +742/+710 |
| +121/+98 | +130/+98 | +150/+98 | +193/+170 | +202/+170 | +222/+170 | +263/+240 | +272/+240 | +292/+240 | +382/+350 | +402/+350 | +457/+425 | +557/+525 | +682/+650 | +822/+790 |
| +133/+108 | +144/+108 | +165/+108 | +215/+190 | +226/+190 | +247/+190 | +293/+268 | +304/+268 | +325/+268 | +426/+390 | +447/+390 | +511/+475 | +626/+590 | +766/+730 | +936/+900 |
| +139/+114 | +150/+114 | +171/+114 | +233/+208 | +244/+208 | +265/+208 | +319/+294 | +330/+294 | +351/+294 | +471/+435 | +492/+435 | +566/+530 | +696/+660 | +856/+820 | +1036/+1000 |
| +153/+126 | +166/+126 | +189/+126 | +259/+232 | +272/+232 | +295/+232 | +357/+330 | +370/+330 | +393/+330 | +530/+490 | +553/+490 | +635/+595 | +780/+740 | +960/+920 | +1140/+1100 |
| +159/+132 | +172/+132 | +195/+132 | +279/+252 | +292/+252 | +315/+252 | +387/+360 | +400/+360 | +423/+360 | +580/+540 | +603/+540 | +700/+660 | +860/+820 | +1040/+1000 | +1290/+1250 |

表 2　常用及优先用途孔的极限偏差

| 公称尺寸/mm 大于 | 至 | A 11 | B 11 | C 12 | C ⑪ | D 8 | D ⑨ | D 10 | D 11 | E 8 | E 9 | F 6 | F 7 | F ⑧ | F 9 | G 6 |
|---|---|---|---|---|---|---|---|---|---|---|---|---|---|---|---|---|
| — | 3 | +330 +270 | +200 +140 | +240 +140 | +120 +60 | +34 +20 | +45 +20 | +60 +20 | +80 +20 | +28 +14 | +39 +14 | +12 +6 | +16 +6 | +20 +6 | +31 +6 | +8 +2 |
| 3 | 6 | +345 +270 | +215 +140 | +260 +140 | +145 +70 | +48 +30 | +60 +30 | +78 +30 | +105 +30 | +38 +20 | +50 +20 | +18 +10 | +22 +10 | +28 +10 | +40 +10 | +12 +4 |
| 6 | 10 | +370 +280 | +240 +150 | +300 +150 | +170 +80 | +62 +40 | +76 +40 | +98 +40 | +130 +40 | +47 +25 | +61 +25 | +22 +13 | +28 +13 | +35 +13 | +49 +13 | +14 +5 |
| 10 | 14 | +400 +290 | +260 +150 | +330 +150 | +205 +95 | +77 +50 | +93 +50 | +120 +50 | +160 +50 | +59 +32 | +75 +32 | +27 +16 | +34 +16 | +43 +16 | +59 +16 | +17 +6 |
| 14 | 18 | | | | | | | | | | | | | | | |
| 18 | 24 | +430 +300 | +290 +160 | +370 +160 | +240 +110 | +98 +65 | +117 +65 | +149 +65 | +195 +65 | +73 +40 | +92 +40 | +33 +20 | +41 +20 | +53 +20 | +72 +20 | +20 +7 |
| 24 | 30 | | | | | | | | | | | | | | | |
| 30 | 40 | +470 +310 | +330 +170 | +420 +170 | +280 +120 | +119 +80 | +142 +80 | +180 +80 | +240 +80 | +89 +50 | +112 +50 | +41 +25 | +50 +25 | +64 +25 | +87 +25 | +25 +9 |
| 40 | 50 | +480 +320 | +340 +180 | +430 +180 | +290 +130 | | | | | | | | | | | |
| 50 | 65 | +530 +340 | +380 +190 | +490 +190 | +330 +140 | +146 +100 | +174 +100 | +220 +100 | +290 +100 | +106 +60 | +134 +60 | +49 +30 | +60 +30 | +76 +30 | +104 +30 | +29 +10 |
| 65 | 80 | +550 +360 | +390 +200 | +500 +200 | +340 +150 | | | | | | | | | | | |
| 80 | 100 | +600 +380 | +440 +220 | +570 +220 | +390 +170 | +174 +120 | +207 +120 | +260 +120 | +340 +120 | +126 +72 | +159 +72 | +58 +36 | +71 +36 | +90 +36 | +123 +36 | +34 +12 |
| 100 | 120 | +630 +410 | +460 +240 | +590 +240 | +400 +180 | | | | | | | | | | | |
| 120 | 140 | +710 +460 | +510 +260 | +660 +260 | +450 +200 | +208 +145 | +245 +145 | +305 +145 | +395 +145 | +148 +85 | +185 +85 | +68 +43 | +83 +43 | +106 +43 | +143 +43 | +39 +14 |
| 140 | 160 | +770 +520 | +530 +280 | +680 +280 | +460 +210 | | | | | | | | | | | |
| 160 | 180 | +830 +580 | +560 +310 | +710 +310 | +480 +230 | | | | | | | | | | | |
| 180 | 200 | +950 +660 | +630 +340 | +800 +340 | +530 +240 | +242 +170 | +285 +170 | +355 +170 | +460 +170 | +172 +100 | +215 +100 | +79 +50 | +96 +50 | +122 +50 | +165 +50 | +44 +15 |
| 200 | 225 | +1030 +740 | +670 +380 | +840 +380 | +550 +260 | | | | | | | | | | | |
| 225 | 250 | +1110 +820 | +710 +420 | +880 +420 | +570 +280 | | | | | | | | | | | |
| 250 | 280 | +1240 +920 | +800 +480 | +1000 +480 | +620 +300 | +271 +190 | +320 +190 | +400 +190 | +510 +190 | +191 +110 | +240 +110 | +88 +56 | +108 +56 | +137 +56 | +186 +56 | +49 +17 |
| 280 | 315 | +1370 +1050 | +860 +540 | +1060 +540 | +650 +330 | | | | | | | | | | | |
| 315 | 355 | +1560 +1200 | +960 +600 | +1170 +600 | +720 +360 | +299 +210 | +350 +210 | +440 +210 | +570 +210 | +214 +125 | +265 +125 | +98 +62 | +119 +62 | +151 +62 | +202 +62 | +54 +18 |
| 355 | 400 | +1710 +1350 | +1040 +680 | +1250 +680 | +760 +400 | | | | | | | | | | | |
| 400 | 450 | +1900 +1500 | +1160 +760 | +1390 +760 | +840 +440 | +327 +230 | +385 +230 | +480 +230 | +630 +230 | +232 +135 | +290 +135 | +108 +68 | +131 +68 | +165 +68 | +223 +68 | +60 +20 |
| 450 | 500 | +2050 +1650 | +1240 +840 | +1470 +840 | +880 +440 | | | | | | | | | | | |

**(GB/T 1800.4—1999)**(尺寸至 500 mm)　　　　　　　单位：$\mu m\left(\dfrac{1}{1000}\ mm\right)$

（带　圈　者　为　优　先　公　差　带）

| H | | | | | | | | JS | | | K | | | M | | |
|---|---|---|---|---|---|---|---|---|---|---|---|---|---|---|---|---|
| ⑦ | 6 | ⑦ | ⑧ | ⑨ | 10 | ⑪ | 12 | 6 | 7 | 8 | 6 | ⑦ | 8 | 6 | 7 | 8 |
| +12<br>+2 | +6<br>0 | +10<br>0 | +14<br>0 | +25<br>0 | +40<br>0 | +60<br>0 | +100<br>0 | ±3 | ±5 | ±7 | 0<br>−6 | 0<br>−10 | 0<br>−14 | −2<br>−8 | −2<br>−12 | −2<br>−16 |
| +16<br>+4 | +8<br>0 | +12<br>0 | +18<br>0 | +30<br>0 | +48<br>0 | +75<br>0 | +120<br>0 | ±4 | ±6 | ±9 | +2<br>−6 | +3<br>−9 | +5<br>−13 | −1<br>−9 | 0<br>−12 | +2<br>−16 |
| +20<br>+5 | +9<br>0 | +15<br>0 | +22<br>0 | +36<br>0 | +58<br>0 | +90<br>0 | +150<br>0 | ±4.5 | ±7 | ±11 | +2<br>−7 | +5<br>−10 | +6<br>−16 | −3<br>−12 | 0<br>−15 | +1<br>−21 |
| +24<br>+6 | +11<br>0 | +18<br>0 | +27<br>0 | +43<br>0 | +70<br>0 | +110<br>0 | +180<br>0 | ±5.5 | ±9 | ±13 | +2<br>−9 | +6<br>−12 | +8<br>−19 | −4<br>−15 | 0<br>−18 | +2<br>−25 |
| +28<br>+7 | +13<br>0 | +21<br>0 | +33<br>0 | +52<br>0 | +84<br>0 | +130<br>0 | +210<br>0 | ±6.5 | ±10 | ±16 | +2<br>−11 | +6<br>−15 | +10<br>−23 | −4<br>−17 | 0<br>−21 | +4<br>−29 |
| +34<br>+9 | +16<br>0 | +25<br>0 | +39<br>0 | +62<br>0 | +100<br>0 | +160<br>0 | +250<br>0 | ±8 | ±12 | ±19 | +3<br>−13 | +7<br>−18 | +12<br>−27 | −4<br>−20 | 0<br>−25 | +5<br>−34 |
| +40<br>+10 | +19<br>0 | +30<br>0 | +46<br>0 | +74<br>0 | +120<br>0 | +190<br>0 | +300<br>0 | ±9.5 | ±15 | ±23 | +4<br>−15 | +9<br>−21 | +14<br>−32 | −5<br>−24 | 0<br>−30 | +5<br>−41 |
| +47<br>+12 | +22<br>0 | +35<br>0 | +54<br>0 | +87<br>0 | +140<br>0 | +220<br>0 | +350<br>0 | ±11 | ±17 | ±27 | +4<br>−18 | +10<br>−25 | +16<br>−38 | −6<br>−28 | 0<br>−35 | +6<br>−48 |
| +54<br>+14 | +25<br>0 | +40<br>0 | +63<br>0 | +100<br>0 | +160<br>0 | +250<br>0 | +400<br>0 | ±12.5 | ±20 | ±31 | +4<br>−21 | +12<br>−28 | +20<br>−43 | −8<br>−33 | 0<br>−40 | +8<br>−55 |
| +61<br>+15 | +29<br>0 | +46<br>0 | +72<br>0 | +115<br>0 | +185<br>0 | +290<br>0 | +460<br>0 | ±14.5 | ±23 | ±36 | +5<br>−24 | +13<br>−33 | +22<br>−50 | −8<br>−37 | 0<br>−46 | +9<br>−63 |
| +69<br>+17 | +32<br>0 | +52<br>0 | +81<br>0 | +130<br>0 | +210<br>0 | +320<br>0 | +520<br>0 | ±16 | ±26 | ±40 | +5<br>−27 | +16<br>−36 | +25<br>−56 | −9<br>−41 | 0<br>−52 | +9<br>−72 |
| +75<br>+18 | +36<br>0 | +57<br>0 | +89<br>0 | +140<br>0 | +230<br>0 | +360<br>0 | +570<br>0 | ±18 | ±28 | ±44 | +7<br>−29 | +17<br>−40 | +28<br>−61 | −10<br>−46 | 0<br>−57 | +11<br>−78 |
| +83<br>+20 | +40<br>0 | +63<br>0 | +97<br>0 | +155<br>0 | +250<br>0 | +400<br>0 | +630<br>0 | ±20 | ±31 | ±48 | +8<br>−32 | +18<br>−45 | +29<br>−68 | −10<br>−50 | 0<br>−63 | +11<br>−86 |

| 公称尺寸 /mm | | 常用及优先公差带(带圈者为优先公差带) | | | | | | | | | | |
|---|---|---|---|---|---|---|---|---|---|---|---|---|
| | | N | | | P | | R | | S | | T | | U |
| 大于 | 至 | 6 | ⑦ | 8 | 6 | ⑦ | 6 | 7 | 6 | ⑦ | 6 | 7 | ⑦ |
| — | 3 | −4/−10 | −4/−14 | −4/−18 | −6/−12 | −6/−16 | −10/−16 | −10/−20 | −14/−20 | −14/−24 | — | — | −18/−28 |
| 3 | 6 | −5/−13 | −4/−16 | −2/−20 | −9/−17 | −8/−20 | −12/−20 | −11/−23 | −16/−24 | −15/−27 | — | — | −19/−31 |
| 6 | 10 | −7/−16 | −4/−19 | −3/−25 | −12/−21 | −9/−24 | −16/−25 | −13/−28 | −20/−29 | −17/−32 | — | — | −22/−37 |
| 10 | 14 | −9/−20 | −5/−23 | −3/−30 | −15/−26 | −11/−29 | −20/−31 | −16/−34 | −25/−36 | −21/−39 | — | — | −26/−44 |
| 14 | 18 | −9/−20 | −5/−23 | −3/−30 | −15/−26 | −11/−29 | −20/−31 | −16/−34 | −25/−36 | −21/−39 | — | — | −26/−44 |
| 18 | 24 | −11/−24 | −7/−28 | −3/−36 | −18/−31 | −14/−35 | −24/−37 | −20/−41 | −31/−44 | −27/−48 | — | — | −33/−54 |
| 24 | 30 | −11/−24 | −7/−28 | −3/−36 | −18/−31 | −14/−35 | −24/−37 | −20/−41 | −31/−44 | −27/−48 | −37/−50 | −33/−54 | −40/−61 |
| 30 | 40 | −12/−28 | −8/−33 | −3/−42 | −21/−37 | −17/−42 | −29/−45 | −25/−50 | −38/−54 | −34/−59 | −43/−59 | −39/−64 | −51/−76 |
| 40 | 50 | −12/−28 | −8/−33 | −3/−42 | −21/−37 | −17/−42 | −29/−45 | −25/−50 | −38/−54 | −34/−59 | −49/−65 | −45/−70 | −61/−86 |
| 50 | 65 | −14/−33 | −9/−39 | −4/−50 | −26/−45 | −21/−51 | −35/−54 | −30/−60 | −47/−66 | −42/−72 | −60/−79 | −55/−85 | −76/−106 |
| 65 | 80 | −14/−33 | −9/−39 | −4/−50 | −26/−45 | −21/−51 | −37/−56 | −32/−62 | −53/−72 | −48/−78 | −69/−88 | −64/−94 | −91/−121 |
| 80 | 100 | −16/−38 | −10/−45 | −4/−58 | −30/−52 | −24/−59 | −44/−66 | −38/−73 | −64/−86 | −58/−93 | −84/−106 | −78/−113 | −111/−146 |
| 100 | 120 | −16/−38 | −10/−45 | −4/−58 | −30/−52 | −24/−59 | −47/−69 | −41/−76 | −72/−94 | −66/−101 | −97/−119 | −91/−126 | −131/−166 |
| 120 | 140 | −20/−45 | −12/−52 | −4/−67 | −36/−61 | −28/−68 | −56/−81 | −48/−88 | −85/−110 | −77/−117 | −115/−140 | −107/−147 | −155/−195 |
| 140 | 160 | −20/−45 | −12/−52 | −4/−67 | −36/−61 | −28/−68 | −58/−83 | −50/−90 | −93/−118 | −85/−125 | −127/−152 | −119/−159 | −175/−215 |
| 160 | 180 | −20/−45 | −12/−52 | −4/−67 | −36/−61 | −28/−68 | −61/−86 | −53/−93 | −101/−126 | −93/−133 | −139/−164 | −131/−171 | −195/−235 |
| 180 | 200 | −22/−51 | −14/−60 | −5/−77 | −41/−70 | −33/−79 | −68/−97 | −60/−106 | −113/−142 | −105/−151 | −157/−186 | −149/−195 | −219/−265 |
| 200 | 225 | −22/−51 | −14/−60 | −5/−77 | −41/−70 | −33/−79 | −71/−100 | −63/−109 | −121/−150 | −113/−159 | −171/−200 | −163/−209 | −241/−287 |
| 225 | 250 | −22/−51 | −14/−60 | −5/−77 | −41/−70 | −33/−79 | −75/−104 | −67/−113 | −131/−160 | −123/−169 | −187/−216 | −179/−225 | −267/−313 |
| 250 | 280 | −25/−57 | −14/−66 | −5/−86 | −47/−79 | −36/−88 | −85/−117 | −74/−126 | −149/−181 | −138/−190 | −209/−241 | −198/−250 | −295/−347 |
| 280 | 315 | −25/−57 | −14/−66 | −5/−86 | −47/−79 | −36/−88 | −89/−121 | −78/−130 | −161/−193 | −150/−202 | −231/−263 | −220/−272 | −330/−382 |
| 315 | 355 | −26/−62 | −16/−73 | −5/−94 | −51/−87 | −41/−98 | −97/−133 | −87/−144 | −179/−215 | −169/−226 | −257/−293 | −247/−304 | −369/−426 |
| 355 | 400 | −26/−62 | −16/−73 | −5/−94 | −51/−87 | −41/−98 | −103/−139 | −93/−150 | −197/−233 | −187/−244 | −283/−319 | −273/−330 | −414/−471 |
| 400 | 450 | −27/−67 | −17/−80 | −6/−103 | −55/−95 | −45/−108 | −113/−153 | −103/−166 | −219/−259 | −209/−272 | −317/−357 | −307/−370 | −467/−530 |
| 450 | 500 | −27/−67 | −17/−80 | −6/−103 | −55/−95 | −45/−108 | −119/−159 | −109/−172 | −239/−279 | −229/−292 | −347/−387 | −337/−400 | −517/−580 |

# 附录 B　常用螺纹及螺纹紧固件

### 表1　普通螺纹直径、螺距(GB/T 193—2003)和基本尺寸(GB/T 196—2003)　(mm)

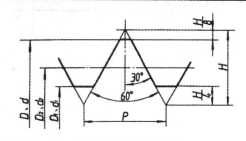

$D$、$d$——内、外螺纹的大径；

$D_2$、$d_2$——内、外螺纹的中径；

$D_1$、$d_1$——内、外螺纹的小径；

$P$——螺距；

$H$——原始三角形高度，$H = \dfrac{\sqrt{3}}{2}P$。

标记示例：

M24：公称直径为 24 mm 的粗牙普通螺纹；

M 24×1.5：公称直径为 24 mm，螺距为 1.5 mm 的细牙普通螺纹。

| 公称直径 $D$、$d$ | 螺距 $P$ 粗牙 | 螺距 $P$ 细牙 | 中径 $D_2$、$d_2$ 粗牙 | 中径 $D_2$、$d_2$ 细牙 | 小径 $D_1$、$d_1$ 粗牙 | 小径 $D_1$、$d_1$ 细牙 |
|---|---|---|---|---|---|---|
| 3 | 0.5 | 0.35 | 2.675 | 2.773 | 2.459 | 2.621 |
| (3.5) | (0.6) | 0.35 | 3.110 | 3.273 | 2.850 | 3.121 |
| 4 | 0.7 | 0.5 | 3.545 | 3.675 | 3.242 | 3.459 |
| (4.5) | (0.75) | 0.5 | 4.013 | 4.175 | 3.688 | 3.959 |
| 5 | 0.8 | 0.5 | 4.480 | 4.675 | 4.134 | 4.459 |
| [5.5] |  | 0.5 |  | 5.175 |  | 4.959 |
| 6 | 1 | 0.75 | 5.350 | 5.513 | 4.917 | 5.188 |
|  |  | (0.5) |  | 5.675 |  | 5.459 |
| [7] | 1 | 0.75 | 6.350 | 6.513 | 5.917 | 6.188 |
|  |  | (0.5) |  | 6.675 |  | 6.459 |
| 8 | 1.25 | 1 | 7.188 | 7.350 | 6.647 | 6.917 |
|  |  | 0.75 |  | 7.513 |  | 7.188 |
|  |  | (0.5) |  | 7.675 |  | 7.459 |
| [9] | (1.25) | 1 | 8.188 | 8.350 | 7.647 | 7.917 |
|  |  | 0.75 |  | 8.513 |  | 8.188 |
|  |  | (0.5) |  | 8.675 |  | 8.495 |
| 10 | 1.5 | 1.25 | 9.026 | 9.188 | 8.376 | 8.647 |
|  |  | 1 |  | 9.350 |  | 8.917 |
|  |  | 0.75 |  | 9.513 |  | 9.188 |
|  |  | (0.5) |  | 9.675 |  | 9.459 |
| [11] | (1.5) | 1 | 10.026 | 10.350 | 9.376 | 9.917 |
|  |  | 0.75 |  | 10.513 |  | 10.188 |
|  |  | (0.5) |  | 10.675 |  | 10.459 |
| 12 | 1.75 | 1.5 | 10.863 | 11.026 | 10.106 | 10.376 |
|  |  | 1.25 |  | 11.188 |  | 10.647 |
|  |  | 1 |  | 11.350 |  | 10.917 |
|  |  | (0.75) |  | 11.513 |  | 11.188 |
|  |  | (0.5) |  | 11.675 |  | 11.459 |
| (14) | 2 | 1.5 | 12.701 | 13.026 | 11.835 | 12.376 |
|  |  | 1.25 |  | 13.188 |  | 12.647 |
|  |  | 1 |  | 13.350 |  | 12.917 |
|  |  | (0.75) |  | 13.513 |  | 13.188 |
|  |  | (0.5) |  | 13.675 |  | 13.459 |
| [15] |  | 1.5 |  | 14.026 |  | 13.376 |
|  |  | (1) |  | 14.350 |  | 13.917 |
| 16 | 2 | 1.5 | 14.701 | 15.026 | 13.835 | 14.376 |
|  |  | 1 |  | 15.350 |  | 14.917 |
|  |  | (0.75) |  | 15.513 |  | 15.188 |
|  |  | (0.5) |  | 15.675 |  | 15.459 |
| [17] |  | 1.5 |  | 16.026 |  | 15.376 |
|  |  | (1) |  | 16.350 |  | 15.917 |
| (18) | 2.5 | 2 | 16.376 | 16.701 | 15.294 | 15.835 |
|  |  | 1.5 |  | 17.026 |  | 16.376 |
|  |  | 1 |  | 17.350 |  | 16.917 |
|  |  | (0.75) |  | 17.513 |  | 17.188 |
|  |  | (0.5) |  | 17.675 |  | 17.459 |
| 20 | 2.5 | 2 | 18.376 | 18.701 | 17.294 | 17.835 |
|  |  | 1.5 |  | 19.026 |  | 18.376 |
|  |  | 1 |  | 19.350 |  | 18.917 |
|  |  | (0.75) |  | 19.513 |  | 19.188 |
|  |  | (0.5) |  | 19.675 |  | 19.459 |
| (22) | 2.5 | 2 | 20.376 | 20.701 | 19.294 | 19.835 |
|  |  | 1.5 |  | 21.026 |  | 20.376 |
|  |  | 1 |  | 21.350 |  | 20.917 |
|  |  | (0.75) |  | 21.513 |  | 21.188 |
|  |  | (0.5) |  | 21.675 |  | 21.459 |
| 24 | 3 | 2 | 22.051 | 22.701 | 20.752 | 21.835 |
|  |  | 1.5 |  | 23.026 |  | 22.376 |
|  |  | 1 |  | 23.350 |  | 22.917 |
|  |  | (0.75) |  | 23.513 |  | 23.188 |
| [25] |  | 2 |  | 23.701 |  | 22.835 |
|  |  | 1.5 |  | 24.026 |  | 23.376 |
|  |  | (1) |  | 24.350 |  | 23.917 |
| [26] |  | 1.5 |  | 25.026 |  | 24.376 |
| (27) | 3 | 2 | 25.051 | 25.701 | 23.752 | 24.835 |
|  |  | 1.5 |  | 26.026 |  | 25.376 |
|  |  | 1 |  | 26.350 |  | 25.917 |
|  |  | (0.75) |  | 26.513 |  | 26.188 |
| [28] |  | 2 |  | 26.701 |  | 25.835 |
|  |  | 1.5 |  | 27.026 |  | 26.376 |
|  |  | 1 |  | 27.350 |  | 26.917 |

注：1.公称直径栏中不带括号的为第一系列，带圆括号的为第二系列，带方括号的为第三系列。应优先选用第一系列，第三系列尽可能不用。

2.括号内的螺距尽可能不用。

表2　紧固件通孔(GB/T 5277—1985)及沉孔(GB/T 152.2~152.4—1988)尺寸　　　　(mm)

| 螺 纹 直 径 d | | | M3 | M4 | M5 | M6 | M8 | M10 | M12 | M16 | M20 | M24 | M30 |
|---|---|---|---|---|---|---|---|---|---|---|---|---|---|
| 螺栓和螺钉通孔直径 $d_h$ (GB/T 5277) | 精装配 | | 3.2 | 4.3 | 5.3 | 6.4 | 8.4 | 10.5 | 13 | 17 | 21 | 25 | 31 |
| | 中等装配 | | 3.4 | 4.5 | 5.5 | 6.6 | 9 | 11 | 13.5 | 17.5 | 22 | 26 | 33 |
| | 粗装配 | | 3.6 | 4.8 | 5.8 | 7 | 10 | 12 | 14.5 | 18.5 | 24 | 28 | 35 |
| 六角头螺栓和六角螺母用沉孔 (GB/T 152.4) | | $d_2$ | 9 | 10 | 11 | 13 | 18 | 22 | 26 | 33 | 40 | 48 | 61 |
| | | $t$ | $t$ 值很小,主要是在不经机加工的铸造或锻造表面或不平整的表面加工一环形平面,使支承面垂直于螺栓轴线,保证连接质量和可靠性 | | | | | | | | | | |
| 沉头螺钉用沉孔 (GB/T 152.2) | | $d_2$ | 6.4 | 9.6 | 10.6 | 12.8 | 17.6 | 20.3 | 24.4 | 32.4 | 40.4 | — | — |
| 开槽圆柱头螺钉用沉孔 (GB/T 152.3) | | $d_2$ | — | 8 | 10 | 11 | 15 | 18 | 20 | 26 | 33 | — | — |
| | | $t$ | — | 3.2 | 4 | 4.7 | 6 | 7 | 8 | 10.5 | 12.5 | — | — |
| 内六角圆柱头螺钉用沉孔 (GB/T 152.3) | | $d_2$ | 6 | 8 | 10 | 11 | 15 | 18 | 20 | 26 | 33 | 40 | 48 |
| | | $t$ | 3.4 | 4.6 | 5.7 | 6.8 | 9 | 11 | 13 | 17.5 | 21.5 | 25.5 | 32 |

**表3　六角头螺栓-A和B级(GB/T 5782—2000)、六角头螺栓-全螺纹-A和B级(GB/T 5783—2000)**

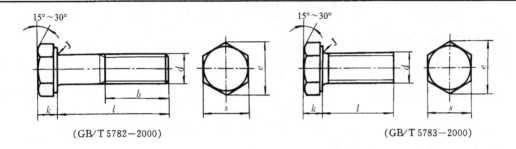

(GB/T 5782—2000)　　　　　　　　　　　(GB/T 5783—2000)

标记示例:

螺纹规格 $d$ = M12、公称长度 $l$ = 80 mm、性能等级为8.8级、表面氧化、产品等级为A级的六角头螺栓:

螺栓 GB/T 5782 M12×80

(mm)

| 螺纹规格 $d$ | | M3 | M4 | M5 | M6 | M8 | M10 | M12 | (M14) | M16 | (M18) | M20 | (M22) | M24 | (M27) | M30 |
|---|---|---|---|---|---|---|---|---|---|---|---|---|---|---|---|---|
| $k$ | 公称 | 2 | 2.8 | 3.5 | 4 | 5.3 | 6.4 | 7.5 | 8.8 | 10 | 11.5 | 12.5 | 14 | 15 | 17 | 18.7 |
| $s$ 公称 = max | | 5.5 | 7 | 8 | 10 | 13 | 16 | 18 | 21 | 24 | 27 | 30 | 34 | 36 | 41 | 46 |
| $e$ min | A级 | 6.01 | 7.66 | 8.79 | 11.05 | 14.38 | 17.77 | 20.03 | 23.36 | 26.75 | 30.14 | 33.53 | 37.72 | 39.98 | — | — |
| | B级 | 5.88 | 7.50 | 8.63 | 10.89 | 14.20 | 17.59 | 19.85 | 22.78 | 26.17 | 29.56 | 32.95 | 37.29 | 39.55 | 45.2 | 50.85 |
| $b$ 参考 | $l \leqslant 125$ | 12 | 14 | 16 | 18 | 22 | 26 | 30 | 34 | 38 | 42 | 46 | 50 | 54 | 60 | 66 |
| | $125 < l \leqslant 200$ | 18 | 20 | 22 | 24 | 28 | 32 | 36 | 40 | 44 | 48 | 52 | 56 | 60 | 66 | 72 |
| | $l > 200$ | 31 | 33 | 35 | 37 | 41 | 45 | 49 | 53 | 57 | 61 | 65 | 69 | 73 | 79 | 85 |
| 商品规格范围 | $l$ GB/T 5782 | 20~30 | 25~40 | 25~50 | 30~60 | 40~80 | 45~100 | 50~120 | 60~140 | 65~160 | 70~180 | 80~200 | 90~220 | 90~240 | 100~260 | 110~300 |
| | $l$(全螺纹) GB/T 5783 | 6~30 | 8~40 | 10~50 | 12~60 | 16~80 | 20~100 | 25~120 | 30~140 | 30~200 | 35~200 | 40~200 | 45~200 | 50~200 | 55~200 | 60~200 |
| $l$ 长度系列 | | 6, 8, 10, 12, 16, 20, 25, 30, 35, 40, 45, 50, 55, 60, 65, 70, 80, 90, 100, 110, 120, 130, 140, 150, 160, 180, 200, 220, 240, 260, 280, 300 | | | | | | | | | | | | | | |

注: 尽可能不采用括号内的规格。

## 表4　双头螺柱 $b_m=1d$(GB/T 897—1988), $b_m=1.25d$(GB/T 898—1988), $b_m=1.5d$(GB/T 899—1988), $b_m=2d$(GB/T 900—1988)

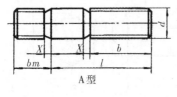

A 型

B 型

标记示例:
1. 两端均为粗牙普通螺纹, $d=10$ mm、$l=50$ mm, 性能等级为4.8级, 不经表面处理, B 型, $b_m=d$ 的双头螺柱:
　　螺柱　GB/T 897 M10×50
2. 旋入机体一端为粗牙普通螺纹, 旋入螺母一端为螺距 $P=1$ mm 的细牙普通螺纹, $d=10$ mm、$l=50$ mm, 性能等级为4.8级, 不经表面处理, A 型, $b_m=d$ 的双头螺柱:
　　螺柱　GB/T 897 AM10-M10×1×50

(mm)

| 螺纹规格 $d$ | $b_m$ | | | | $l/b$ |
|---|---|---|---|---|---|
| | GB/T 897 —1988 | GB/T 898 —1988 | GB/T 899 —1988 | GB/T 900 —1988 | |
| M2 | | | 3 | 4 | (12~16)/6, (18~25)/10 |
| M2.5 | | | 3.5 | 5 | (14~18)/8, (20~30)/11 |
| M3 | | | 4.5 | 6 | (16~20)/6, (22~40)/12 |
| M4 | | | 6 | 8 | (16~22)/8, (25~40)/14 |
| M5 | 5 | 6 | 8 | 10 | (16~22)/10, (25~50)/16 |
| M6 | 6 | 8 | 10 | 12 | (20~22)/10, (25~30)/14, (32~75)/18 |
| M8 | 8 | 10 | 12 | 16 | (20~22)/12, (25~30)/16, (32~90)/22 |
| M10 | 10 | 12 | 15 | 20 | (25~28)/14, (30~38)/16, (40~120)/26, 130/32 |
| M12 | 12 | 15 | 18 | 24 | (25~30)/16, (32~40)/20, (45~120)/30, (130~180)/36 |
| (M14) | 14 | 18 | 21 | 28 | (30~35)/18, (38~45)/25, (50~120)/34, (130~180)/40 |
| M16 | 16 | 20 | 24 | 32 | (30~38)/20, (40~55)/30, (60~120)/38, (130~200)/44 |
| (M18) | 18 | 22 | 27 | 36 | (35~40)/22, (45~60)/35, (65~120)/42, (130~200)/48 |
| M20 | 20 | 25 | 30 | 40 | (35~40)/25, (45~65)/35, (70~120)/46, (130~200)/52 |
| (M22) | 22 | 28 | 33 | 44 | (40~45)/30, (50~70)/40, (75~120)/50, (130~200)/56 |
| M24 | 24 | 30 | 36 | 48 | (45~50)/30, (55~75)/45, (80~120)/54, (130~200)/60 |
| (M27) | 27 | 35 | 40 | 54 | (50~60)/35, (65~85)/50, (90~120)/60, (130~200)/66 |
| M30 | 30 | 38 | 45 | 60 | (60~65)/40, (70~90)/50, (95~120)/66, (130~200)/72, (210~250)/85 |
| M36 | 36 | 45 | 54 | 72 | (65~75)/45, (80~110)/60, 120/78, (130~200)/84, (210~300)/97 |
| M42 | 42 | 52 | 63 | 84 | (70~80)/50, (85~110)/70, 120/90, (130~200)/96, (210~300)/109 |
| M48 | 48 | 60 | 72 | 96 | (80~90)/60, (95~110)/80, 120/102, (130~200)/108, (210~300)/121 |
| $l$ (系列) | 12, (14), 16, (18), 20, (22), 25, (28), 30, (32), 35, (38), 40, 45, 50, (55), 60, (65), 70, (75), 80, (85), 90, (95), 100, 110, 120, 130, 140, 150, 160, 170, 180, 190, 200, 210, 220, 230, 240, 250, 260, 280, 300 | | | | |

注: 1. 尽可能不采用括号内的规格。
　　2. $d_s \approx$ 螺纹中径。
　　3. $x_{max} = 2.5P$(螺距)。

表5　开槽圆柱头螺钉(GB/T 65—2000)、开槽盘头螺钉(GB/T 67—2000)、开槽沉头螺钉(GB/T 68—2000)

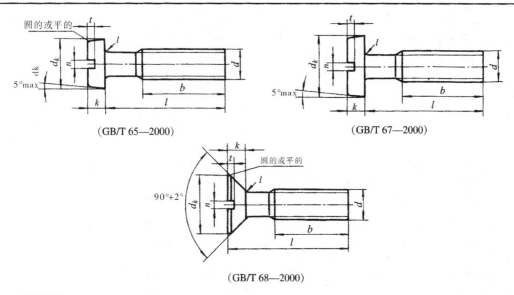

(GB/T 65—2000)　　　　　　　　　　　　　　(GB/T 67—2000)

(GB/T 68—2000)

标记示例:

螺纹规格 $d$ = M5,公称长度 $l$ = 20 mm,性能等级为4.8级,不经表面处理的 A 级开槽圆柱头螺钉:

螺钉　GB/T 65　M5 × 20

(mm)

| | 螺纹规格 $d$ | M1.6 | M2 | M2.5 | M3 | M4 | M5 | M6 | M8 | M10 |
|---|---|---|---|---|---|---|---|---|---|---|
| GB/T 65 —2000 | $d_k$ 公称 = max | 3 | 3.8 | 4.5 | 5.5 | 7 | 8.5 | 10 | 13 | 16 |
| | $k$ 公称 = max | 1.1 | 1.4 | 1.8 | 2 | 2.6 | 3.3 | 3.9 | 5 | 6 |
| | $t$ min | 0.45 | 0.6 | 0.7 | 0.85 | 1.1 | 1.3 | 1.6 | 2 | 2.4 |
| | $l$ | 2~16 | 3~20 | 3~25 | 4~35 | 5~40 | 6~50 | 8~60 | 10~80 | 12~80 |
| | 全螺纹时最大长度 | 全　　螺　　纹 | | | | | 40 | 40 | 40 | 40 |
| GB/T 67 —2000 | $d_k$ 公称 = max | 3.2 | 4 | 5 | 5.6 | 8 | 9.5 | 12 | 16 | 20 |
| | $k$ 公称 = max | 1 | 1.3 | 1.5 | 1.8 | 2.4 | 3 | 3.6 | 4.8 | 6 |
| | $t$ min | 0.35 | 0.5 | 0.6 | 0.7 | 1 | 1.2 | 1.4 | 1.9 | 2.4 |
| | $l$ | 2~16 | 2.5~20 | 3~25 | 4~30 | 5~40 | 6~50 | 8~60 | 10~80 | 12~80 |
| | 全螺纹时最大长度 | 全　　螺　　纹 | | | | | 40 | 40 | 40 | 40 |
| GB/T 68 —2000 | $d_k$ 公称 = max | 3 | 3.8 | 4.7 | 5.5 | 8.4 | 9.3 | 11.3 | 15.8 | 18.3 |
| | $k$ 公称 = max | 1 | 1.2 | 1.5 | 1.65 | 2.7 | 2.7 | 3.3 | 4.65 | 5 |
| | $t$ min | 0.32 | 0.4 | 0.5 | 0.6 | 1 | 1.1 | 1.2 | 1.8 | 2 |
| | $l$ | 2.5~16 | 3~20 | 4~25 | 5~30 | 6~40 | 8~50 | 8~60 | 10~80 | 12~80 |
| | 全螺纹时最大长度 | 全　　螺　　纹 | | | | | 45 | 45 | 45 | 45 |
| | $n$ | 0.4 | 0.5 | 0.6 | 0.8 | 1.2 | 1.2 | 1.6 | 2 | 2.5 |
| | $b$ | 25 | | | | 38 | | | | |
| | $l$(系列) | 2, 2.5, 3, 4, 5, 6, 8, 10, 12, (14), 16, 20, 25, 30, 35, 40, 45, 50, (55), 60, (65), 70, (75), 80 | | | | | | | | |

表6　开槽锥端紧定螺钉(GB/T 71—1985)、开槽平端紧定螺钉(GB/T 73—1985)、
开槽凹端紧定螺钉(GB/T 74—1985)、开槽长圆柱端紧定螺钉(GB/T 75—1985)

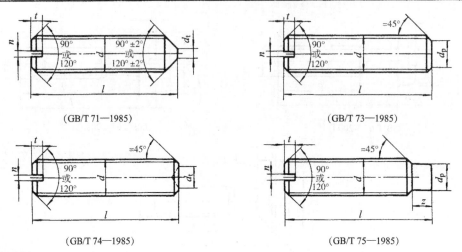

(GB/T 71—1985)　　　　　　　　　　　　　(GB/T 73—1985)

(GB/T 74—1985)　　　　　　　　　　　　　(GB/T 75—1985)

标记示例：
　　螺纹规格 $d$ = M5、公称长度 $l$ = 12 mm、性能等级为14H级、表面氧化的开槽锥端紧定螺钉：
　　　　　　螺钉　GB/T 71 M5 × 12

（mm）

| 螺纹规格 $d$ | | M1.2 | M1.6 | M2 | M2.5 | M3 | M4 | M5 | M6 | M8 | M10 | M12 |
|---|---|---|---|---|---|---|---|---|---|---|---|---|
| $n$ | 公称 | 0.2 | 0.25 | 0.25 | 0.4 | 0.4 | 0.6 | 0.8 | 1 | 1.2 | 1.6 | 2 |
| $t$ | min | 0.4 | 0.56 | 0.64 | 0.72 | 0.8 | 1.12 | 1.28 | 1.6 | 2 | 2.4 | 2.8 |
| $d_t$ | max | 0.12 | 0.16 | 0.2 | 0.25 | 0.3 | 0.4 | 0.5 | 1.5 | 2 | 2.5 | 3 |
| $d_p$ | max | 0.6 | 0.8 | 1 | 1.5 | 2 | 2.5 | 3.5 | 4 | 5.5 | 7 | 8.5 |
| $d_z$ | max | | 0.8 | 1 | 1.2 | 1.4 | 2 | 2.5 | 3 | 5 | 6 | 8 |
| $z$ | max | | 1.05 | 1.25 | 1.5 | 1.75 | 2.25 | 2.75 | 3.25 | 4.3 | 5.3 | 6.3 |
| 公称长度 $l$ | GB/T 71 | 2～6 | 2～8 | 3～10 | 3～12 | 4～16 | 6～20 | 8～25 | 8～30 | 10～40 | 12～50 | 14～60 |
| | GB/T 73 | 2～6 | 2～8 | 2～10 | 2.5～12 | 3～16 | 4～20 | 5～25 | 6～30 | 8～40 | 10～50 | 12～60 |
| | GB/T 74 | | 2～8 | 2.5～10 | 3～12 | 3～16 | 4～20 | 5～25 | 6～30 | 8～40 | 10～50 | 12～60 |
| | GB/T 75 | | 2.5～8 | 3～10 | 4～12 | 5～16 | 6～20 | 8～25 | 8～30 | 10～40 | 12～50 | 14～60 |
| 公称长度 $l$≤右表内值时的短螺钉，应按上图中所注 120°角制成；而 90°用于其余长度 | GB/T 71 | 2 | | 2.5 | | 3 | | | | | | |
| | GB/T 73 | | 2 | | 2.5 | 3 | 3 | 4 | 5 | 6 | | |
| | GB/T 74 | | 2 | | 2.5 | 3 | 4 | 5 | 5 | 6 | 8 | 10 | 12 |
| | GB/T 75 | | 2.5 | | 3 | 4 | 5 | 6 | 8 | 10 | 14 | 16 | 20 |
| $l$(系列) | | 2, 2.5, 3, 4, 5, 6, 8, 10, 12, (14), 16, 20, 25, 30, 35, 40, 45, 50, (55), 60 | | | | | | | | | | |

注：尽可能不采用括号内的规格。

表 7　六角螺母-C 级(GB/T 41—2000)、1 型六角螺母-A 和 B 级(GB/T 6170—2000)、

六角薄螺母-A 和 B 级(GB/T 6172.1—2000)

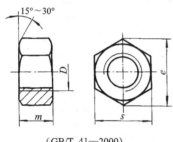

（GB/T 41—2000）

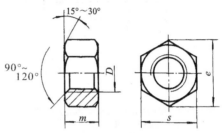

（GB/T 6170—2000）、　（GB/T 6172—2000）

标记示例：

　　螺纹规格 $D$ = M12，性能等级为 5 级，不经表面处理，产品等级为 C 级的六角螺母：

　　　　螺母　GB/T 41 M12

标记示例：

　　螺纹规格 $D$ = M12，性能等级为 8 级，不经表面处理，产品等级为 A 级的 1 型六角螺母：

　　　　螺母　GB/T 6170 M12

　　螺纹规格 $D$ = M12，性能等级为 04 级，不经表面处理，产品等级为 A 级的六角薄螺母：

　　　　螺母　GB/T 6172.1 M12

(mm)

| 螺纹规格 $D$ | | M3 | M4 | M5 | M6 | M8 | M10 | M12 | (M14) | M16 | (M18) | M20 | (M22) | M24 | (M27) | M30 | M36 | M42 | M48 |
|---|---|---|---|---|---|---|---|---|---|---|---|---|---|---|---|---|---|---|---|
| $e$ 近似 | | 6 | 7.7 | 8.8 | 11 | 14.4 | 17.8 | 20 | 23.4 | 26.8 | 29.6 | 35 | 37.3 | 39.6 | 45.2 | 50.9 | 60.8 | 72 | 82.6 |
| $s$ 公称=max | | 5.5 | 7 | 8 | 10 | 13 | 16 | 18 | 21 | 24 | 27 | 30 | 34 | 36 | 41 | 46 | 55 | 65 | 75 |
| $m$ max | GB/T 6170 | 2.4 | 3.2 | 4.7 | 5.2 | 6.8 | 8.4 | 10.8 | 12.8 | 14.8 | 15.8 | 18 | 19.4 | 21.5 | 23.8 | 25.6 | 31 | 34 | 38 |
| | GB/T 6172 | 1.8 | 2.2 | 2.7 | 3.2 | 4 | 5 | 6 | 7 | 8 | 9 | 10 | 11 | 12 | 13.5 | 15 | 18 | 21 | 24 |
| | GB/T 41 | | | 5.6 | 6.4 | 7.9 | 9.5 | 12.2 | 13.9 | 15.9 | 16.9 | 19 | 20.2 | 22.3 | 24.7 | 26.4 | 31.9 | 34.9 | 38.9 |

　　注：1. 表中 $e$ 为圆整近似值。

　　　　2. 尽可能不采用括号内的规格。

　　　　3. A 级用于 $D \leqslant 16$ 的螺母；B 级用于 $D > 16$ 的螺母。

表8 平垫圈-C 级(GB/T 95−1985)、大垫圈-A 和 C 级(GB/T 96−1985)、

平垫圈-A 级(GB/T 97.1−1985)、平垫圈-倒角型-A 级(GB/T 97.2−1985)、小垫圈-A 级(GB/T 848−1985)

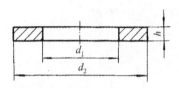

(GB/T 95−1985)、(GB/T 96−1985)
(GB/T 97.1−1985)、(GB/T 848−1985)

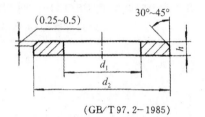

(GB/T 97.2−1985)

标记示例:

　标准系列,规格8 mm,性能等级为100HV
级,不经表面处理的平垫圈:
　　垫圈 GB/T 95　8

标记示例:

　标准系列,规格8 mm,性能等级为140HV 级,倒角
型,不经表面处理的平垫圈:
　　垫圈 GB/T 97.2　8
　标准系列,规格8 mm,性能等级为A140 级,倒角型,
不经表面处理的平垫圈:
　　垫圈 GB/T 97.2　8　A140

(mm)

| 规格<br>(螺纹大径)<br>$d$ | 标准系列 | | | | 大系列 | | | 小系列 | | |
| --- | --- | --- | --- | --- | --- | --- | --- | --- | --- | --- |
| | GB/T 95、GB/T 97.1、GB/T 97.2 | | | | GB/T 96 | | | GB/T 848 | | |
| | $d_2$<br>公称<br>max | $h$<br>公称 | $d_1$<br>公称 min<br>(GB/T 95) | $d_1$<br>公称 min<br>(GB/T 97.1、GB/T 97.2) | $d_1$<br>公称<br>min | $d_2$<br>公称<br>max | $h$<br>公称 | $d_1$<br>公称<br>min | $d_2$<br>公称<br>max | $h$<br>公称 |
| 1.6 | 4 | 0.3 | | 1.7 | | | | 1.7 | 3.5 | 0.3 |
| 2 | 5 | 0.3 | | 2.2 | | | | 2.2 | 4.5 | 0.3 |
| 2.5 | 6 | 0.5 | | 2.7 | | | | 2.7 | 5 | 0.5 |
| 3 | 7 | 0.5 | | 3.2 | 3.2 | 9 | 0.8 | 3.2 | 6 | 0.5 |
| 4 | 9 | 0.8 | | 4.3 | 4.3 | 12 | 1 | 4.3 | 8 | 0.5 |
| 5 | 10 | 1 | 5.5 | 5.3 | 5.3 | 15 | 1.2 | 5.3 | 9 | 1 |
| 6 | 12 | 1.6 | 6.6 | 6.4 | 6.4 | 18 | 1.6 | 6.4 | 11 | 1.6 |
| 8 | 16 | 1.6 | 9 | 8.4 | 8.4 | 24 | 2 | 8.4 | 15 | 1.6 |
| 10 | 20 | 2 | 11 | 10.5 | 10.5 | 30 | 2.5 | 10.5 | 18 | 1.6 |
| 12 | 24 | 2.5 | 13.5 | 13 | 13 | 37 | 3 | 13 | 20 | 2 |
| 14 | 28 | 2.5 | 15.5 | 15 | 15 | 44 | 3 | 15 | 24 | 2.5 |
| 16 | 30 | 3 | 17.5 | 17 | 17 | 50 | 3 | 17 | 28 | 2.5 |
| 20 | 37 | 3 | 22 | 21 | 22 | 60 | 4 | 21 | 34 | 3 |
| 24 | 44 | 4 | 26 | 25 | 26 | 72 | 5 | 25 | 39 | 4 |
| 30 | 56 | 4 | 33 | 31 | 33 | 92 | 6 | 31 | 50 | 4 |
| 36 | 66 | 5 | 39 | 37 | 39 | 110 | 8 | 37 | 60 | 5 |

注:1. GB/T 95、GB/T 97.2,$d$ 的范围为5～36 mm;GB/T 96,$d$ 的范围为3～36 mm;GB/T 848、GB/T 97.1,$d$ 的
范围为1.6～36mm。
　　2. GB/T 848 主要用于带圆柱头的螺钉,其他用于标准的六角螺栓、螺钉和螺母。

### 表 9　标准型弹簧垫圈(GB/T 93—1987)、轻型弹簧垫圈(GB/T 859—1987)

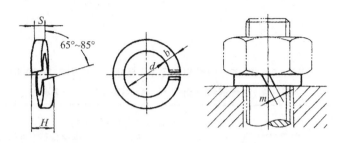

标记示例：
规格 16 mm,材料为 65Mn,表面氧化的标准型弹簧垫圈：
垫圈　GB/T 93　16

(mm)

| 规　格 | $d$ | GB/T 93 | | GB/T 859 | | |
|---|---|---|---|---|---|---|
| (螺纹大径) | min | $S=b$ 公称 | $m'\leqslant$ | $S$ 公称 | $b$ 公称 | $m'\leqslant$ |
| 2 | 2.1 | 0.5 | 0.25 | | | |
| 2.5 | 2.6 | 0.65 | 0.33 | | | |
| 3 | 3.1 | 0.8 | 0.4 | 0.6 | 1 | 0.3 |
| 4 | 4.1 | 1.1 | 0.55 | 0.8 | 1.2 | 0.4 |
| 5 | 5.1 | 1.3 | 0.65 | 1.1 | 1.5 | 0.55 |
| 6 | 6.1 | 1.6 | 0.8 | 1.3 | 2 | 0.65 |
| 8 | 8.1 | 2.1 | 1.05 | 1.6 | 2.5 | 0.8 |
| 10 | 10.2 | 2.6 | 1.3 | 2 | 3 | 1 |
| 12 | 12.2 | 3.1 | 1.55 | 2.5 | 3.5 | 1.25 |
| (14) | 14.2 | 3.6 | 1.8 | 3 | 4 | 1.5 |
| 16 | 16.2 | 4.1 | 2.05 | 3.2 | 4.5 | 1.6 |
| (18) | 18.2 | 4.5 | 2.25 | 3.6 | 5 | 1.8 |
| 20 | 20.2 | 5 | 2.5 | 4 | 5.5 | 2 |
| (22) | 22.5 | 5.5 | 2.75 | 4.5 | 6 | 2.25 |
| 24 | 24.5 | 6 | 3 | 5 | 7 | 2.5 |
| (27) | 27.5 | 6.8 | 3.4 | 5.5 | 8 | 2.75 |
| 30 | 30.5 | 7.5 | 3.75 | 6 | 9 | 3 |
| 36 | 36.5 | 9 | 4.5 | | | |
| 42 | 42.5 | 10.5 | 5.25 | | | |
| 48 | 48.5 | 12 | 6 | | | |

注：尽可能不采用括号内的规格。

# 附录 C   常用键与销

表1   圆柱销-不淬硬钢和奥氏体不锈钢(GB/T 119.1-2000)、
圆柱销-淬硬钢和马氏体不锈钢(GB/T 119.2-2000)

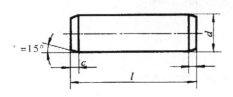

标记示例(GB/T 119.1)
公称直径 $d=6$ mm，公差为 m6，公称长度 $l=30$ mm，材料为钢，不经淬火，不经表面处理的圆柱销：
销 GB/T 119.1   6m6×30
公称直径 $d=6$ mm，公差为 m6，公称长度 $l=30$ mm，材料为 A1 组奥氏体不锈钢，表面简单处理的圆柱销：
销 GB/T 119.1   6m6×30－A1

(mm)

| $d$(公称)<br>m6/h8<br>(GB/T 119.1)<br>m6<br>(GB/T 119.2) | | 2.5 | 3 | 4 | 5 | 6 | 8 | 10 | 12 | 16 | 20 | 25 | 30 |
|---|---|---|---|---|---|---|---|---|---|---|---|---|---|
| $c$ ≈ | | 0.4 | 0.5 | 0.63 | 0.8 | 1.2 | 1.6 | 2 | 2.5 | 3 | 3.5 | 4 | 5 |
| $l$ | GB/T 119.1 | 6~24 | 8~30 | 8~40 | 10~50 | 12~60 | 14~80 | 18~95 | 22~140 | 26~180 | 35~200 | 50~200 | 60~200 |
| | GB/T 119.2 | 6~24 | 8~30 | 10~40 | 12~50 | 14~60 | 18~80 | 22~100 | 26~100 | 40~100 | 50~100 | | |
| $l$(系列) | | 6, 8, 10, 12, 14, 16, 18, 20, 22, 24, 26, 28, 30, 32, 35, 40, 45, 50, 55, 60, 65, 70, 75, 80, 85, 90, 95, 100, 120, 140, 160, 180, 200 | | | | | | | | | | | |

表2　圆锥销(GB/T 117-2000)

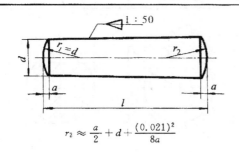

$$r_2 \approx \frac{a}{2} + d + \frac{(0.021)^2}{8a}$$

标记示例:

公称直径 $d = 6\,\mathrm{mm}$, 公称长度 $l = 30\,\mathrm{mm}$, 材料为35钢, 热处理硬度 28～38HRC, 表面氧化处理的 A 型圆锥销:
销　GB/T117　6×30

(mm)

| $d$(公称)h10 | 2.5 | 3 | 4 | 5 | 6 | 8 | 10 | 12 | 16 | 20 | 25 | 30 |
|---|---|---|---|---|---|---|---|---|---|---|---|---|
| $a\approx$ | 0.3 | 0.4 | 0.5 | 0.63 | 0.8 | 1.0 | 1.2 | 1.6 | 2 | 2.5 | 3.0 | 4.0 |
| $l$ | 10～35 | 12～45 | 14～55 | 18～60 | 22～90 | 22～120 | 26～160 | 32～180 | 40～200 | 45～200 | 50～200 | 55～200 |
| $l$(系列) | 10, 12, 14, 16, 18, 20, 22, 24, 26, 28, 30, 32, 35, 40, 45, 50, 55, 60, 65, 70, 75, 80, 85, 90, 95, 100, 120, 140, 160, 180, 200 | | | | | | | | | | | |

表3　平键和键槽的剖面尺寸（GB/T 1095—2003）
　　　　普通平键的型式尺寸（GB/T 1096—2003）

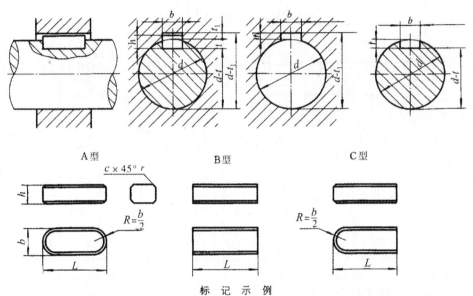

A型　　　　　　　　　　B型　　　　　　　　　C型

标 记 示 例

圆头普通平键（A型）$b=16$ mm、$h=10$ mm、$L=100$ mm　键 GB/T 1096 16×100
平头普通平键（B型）$b=16$ mm、$h=10$ mm、$L=100$ mm　键 GB/T 1096 B16×100
单圆头普通平键（C型）$b=16$ mm、$h=10$ mm、$L=100$ mm　键 GB/T 1096 C16×100

（mm）

| 轴 | 键 | | 键 | | | | | | | | 槽 | | | | |
|---|---|---|---|---|---|---|---|---|---|---|---|---|---|---|---|
| | | | | 宽　　度　　$b$ | | | | | | | 深　　度 | | | | 半　径 |
| 公称直径 $d$ | 公称尺寸 $b×h$ | 长　度 $L$ | 公称尺寸 $b$ | 极　限　偏　差 | | | | | | | 轴　$t$ | | 毂　$t_1$ | | $r$ |
| | | | | 较松键联结 | | 一般键联结 | | 较紧键联结 | | | | | | | |
| | | | | 轴 H9 | 毂 D10 | 轴 N9 | 毂 JS9 | 轴和毂 P9 | | | 公称尺寸 | 极限偏差 | 公称尺寸 | 极限偏差 | 最小　最大 |
| 自 6～8 | 2×2 | 6～20 | 2 | +0.025　0 | +0.060　+0.020 | −0.004　−0.029 | ±0.0125 | −0.006　−0.031 | | | 1.2 | +0.1　0 | 1 | +0.1　0 | 0.08　0.16 |
| >8～10 | 3×3 | 6～36 | 3 | | | | | | | | 1.8 | | 1.4 | | |
| >10～12 | 4×4 | 8～45 | 4 | +0.030　0 | +0.078　+0.030 | 0　−0.030 | ±0.015 | −0.012　−0.042 | | | 2.5 | | 1.8 | | |
| >12～17 | 5×5 | 10～56 | 5 | | | | | | | | 3.0 | | 2.3 | | |
| >17～22 | 6×6 | 14～70 | 6 | | | | | | | | 3.5 | | 2.8 | | |
| >22～30 | 8×7 | 18～90 | 8 | +0.036　0 | +0.098　+0.040 | 0　−0.036 | ±0.018 | −0.015　−0.051 | | | 4.0 | | 3.3 | | 0.16　0.25 |
| >30～38 | 10×8 | 22～110 | 10 | | | | | | | | 5.0 | | 3.3 | | |
| >38～44 | 12×8 | 28～140 | 12 | +0.043　0 | +0.120　+0.050 | 0　−0.043 | ±0.0215 | −0.018　−0.061 | | | 5.0 | +0.2　0 | 3.3 | +0.2　0 | 0.25　0.40 |
| >44～50 | 14×9 | 36～160 | 14 | | | | | | | | 5.5 | | 3.8 | | |
| >50～58 | 16×10 | 45～180 | 16 | | | | | | | | 6.0 | | 4.3 | | |
| >58～65 | 18×11 | 50～200 | 18 | | | | | | | | 7.0 | | 4.4 | | |
| >65～75 | 20×12 | 56～220 | 20 | +0.052　0 | +0.149　+0.065 | 0　−0.052 | ±0.026 | −0.022　−0.074 | | | 7.5 | | 4.9 | | 0.40　0.60 |
| >75～85 | 22×14 | 63～250 | 22 | | | | | | | | 9.0 | | 5.4 | | |
| >85～95 | 25×14 | 70～280 | 25 | | | | | | | | 9.0 | | 5.4 | | |
| >95～110 | 28×16 | 80～320 | 28 | | | | | | | | 10.0 | | 6.4 | | |
| >110～130 | 32×18 | 80～360 | 32 | +0.062　0 | +0.180　+0.080 | 0　−0.062 | ±0.031 | −0.026　−0.088 | | | 11.0 | | 7.4 | | 0.70　1.0 |
| >130～150 | 36×20 | 100～400 | 36 | | | | | | | | 12.0 | +0.3　0 | 8.4 | +0.3　0 | |
| >150～170 | 40×22 | 100～400 | 40 | | | | | | | | 13.0 | | 9.4 | | |
| >170～200 | 45×25 | 110～450 | 45 | | | | | | | | 15.0 | | 10.4 | | |

注：1. $(d-t)$ 和 $(d+t_1)$ 两组合尺寸的极限偏差按相应的 $t$ 和 $t_1$ 的极限偏差选取，但 $(d-t)$ 极限偏差应取负号（—）。
　　2. $L$ 系列：6, 8, 10, 12, 14, 16, 18, 20, 22, 25, 28, 32, 36, 40, 45, 50, 56, 63, 70, 80, 90, 100, 110, 125,
　　　140, 160, 180, 200, 220, 250, 280, 320, 330, 400, 450。

# 参考文献

［1］单鸿波,金怡,于海燕. 工程制图［M］.上海:东华大学出版社,2014.

［2］朱辉,单鸿波,曹桄,等. 画法几何及工程制图［M］.7 版.上海:上海科学技术出版社,2013.

［3］马麟,张淑娟,张爱荣,等. 画法几何与机械制图［M］.北京:高等教育出版社,2011.

［4］陈锦昌,陈炽坤,孙炜.构型设计制图［M］.北京:高等教育出版社,2012.

［5］朱辉,单鸿波,曹桄,等. 画法几何及工程制图习题集［M］.7 版.上海:上海科学技术出版社,2013.

［6］邓劲莲.机械产品三维建模图册［M］.北京:机械工业出版社,2014.